知乎
有 问 题 就 会 有 答 案

跨越时空的

中国飞鸟

约翰·古尔德的鸟类手绘图鉴

Selections from John Gould's Masterpiece of Birds

Feathered Genius in China

［英］约翰·古尔德 - 绘

刘刚　夏雪 - 编著　朱磊 - 审订

金城出版社
GOLD WALL PRESS
北京·2022

目 录

● 红脚隼草图

序 言

始自洞穴里的第一个人类掌印，我们便成了连续存在的一部分。
From the first human handprint on a cave wall, we're part of something
continuous.

——巴兹尔·布朗（Basil Brown）

人类绘画的起源，最早可以上溯到距今至少35,000年前旧石器时代出现的岩画。岩画无疑是物质世界在人类头脑中的一种映射，是我们的先祖利用图形来把握周遭世界、表达自身对于世界认识能力的集中体现。早期艺术家们在岩画中以生动的线条和大胆的用色，惟妙惟肖地表现了许多野生动物，可以说是人类运用图像记录自然世界的开端。

与岩画相比，科学绘画的诞生和发展则要晚近了很多。15至17世纪，以葡萄牙和西班牙两国为先导，大量新航路被开辟，欧洲冒险家们逐渐涉足到世界的各个角落，他们展开了地理大发现的征程，同时也与各式各样的未知生物相遇。大量珍奇罕见的动植物标本，成为全球贸易中行销的货品，从世界各地随着商船队的脚步流入欧洲。

但是，漫长的海上旅行使标本的妥善保存成为一个恼人的问题。原本光鲜亮丽的标本，与各式货物一道挤在昏暗潮湿的船舱里，逐渐失去色彩，变形、枯萎，直至霉烂。抵达欧洲港口时，它们往往已无可挽回地失去往昔的异域风彩及魅力。因此，用绘画的形式尽可能客观严谨地记录留存标本的整体与细节，就自然而然成了当时标本收集者、收藏者和研究者们所仰仗的重要手段，并不经意间促成了早期科学绘画的应运而生。

出身于普通工薪阶层家庭的约翰·古尔德（John Gould，1804—1881）被誉为 19 世纪最伟大的鸟类科学绘画出版家，以及最具影响力的鸟类学家之一。凭借早年从事标本制作的历练，他 24 岁就进入刚成立不久的伦敦动物学会附属博物馆工作，后来成为这里的首席研究馆员和标本技师。博物馆的工作使得古尔德往往能第一时间接触到来自海外的标本，也有了跟同时代的其他博物学家频繁交流的机会，这对于既未接受过正统学术教育又没有显赫家世，却怀揣着一颗博物学家梦想的他来说至关重要。

达尔文结束"小猎犬"号的环球航行时带着近 500 件鸟类标本回到英国，正是交由古尔德帮助鉴定了具体的种类。1837 年 1 月 4 日，古尔德才首次见到了这批标本，而仅仅 6 天之后，在还没有读到达尔文的野外笔记的情况下，他就在伦敦动物学会的一次会议上向世人宣告：达尔文采集自加拉帕戈斯群岛的一些看似不起眼的小鸟，是 13 种此前没有被描述过的鸟类新种。尽管我们今天将这些鸟称为"达尔文雀"（Darwin's finches），但事实上，古尔德才是最早认识到它们尽管羽色相近，喙的形状却有很大差异，彼此之间还有很近亲缘关系的第一人。

除了深厚的鸟类分类功底，古尔德更为人所熟知的是他的一系列出版物。从 1830 年出版的《喜马拉雅山鸟类》（*A Century of Birds Hitherto Unfigured from the Himalaya Mountains*），到去世 7 年之后才完成的《新几内亚和临近巴布亚群岛的鸟类》（*The Birds of New Guinea and the Adjacent Papuan Islands*），他为后世留下了超过 50 卷册的著作，3000 余幅精美的鸟类科学绘画图版。他所主导的作品无论是在研究价值还是艺术表现上都堪称现象级的存在。

虽说古尔德从未到过中国，也没有出版过有关中国鸟类的专著，但在他的很多书里其实都涉及到了分布于中国的种类。我国目前已知有近 1500 种鸟类，其中蓝喉太阳鸟（*Aethopyga gouldiae*）和栗背短翅鸫（dōng）（*Heteroxenicus stellatus*）的英文名字里都留下了古尔德的印迹。蓝喉太阳鸟由爱尔兰动物学家尼古拉斯·维格斯（Nicholas Aylward Vigors）于 1831 年以古尔德的夫人伊丽莎白·古尔德（Elizabeth Gould，1804—1841）来命名。今天该鸟种的英文名被称作 Mrs. Gould's Sunbird，直译就是"古尔德太太的太阳鸟"。而栗背短翅鸫则由古尔德于 1868 年描述命名，英文名被称作 Gould's Shortwing，意即"古尔德的短翅鸫"。除古尔德外，在中国鸟类当中，夫妇二人名字都出现在鸟种名字里的情况，也就只有艾伦·休姆（Allan O. Hume，1829—1912）及其夫人玛丽·休姆（Mary Anne Hume，1824—1890）了。

过去，古尔德笔下那些跟中国鸟类有关的内容均散布在多部作品当中，再加上原著成书都在一百多年前，使得今天的我们并不容易领略到这位 19 世纪伟大学者的风采。如今，幸得知乎图书将古尔德作品里涉及中国鸟类的部分遴选整理成集，再邀请中国林业科学院湿地研究所的刘刚博士编写相关介绍，还请中国科学院西双版纳热带植物园环境教育中心的夏雪女士撰写了古尔德生平简介及 25 种特色鸟类的短文。由此，读者在欣赏古尔德当年组织出版的精美图版的同时，还能了解到不少关于中国鸟类的基础知识和有趣故事，可谓是一举两得。

发源于数万年前人类以图画记录自然的悠久传统，于一百多年前在古尔德及其同事的手里发扬光大，而现在，希望借由这本书，读者能重新感受地理大发现时代人们眼中看到的精彩飞羽世界。更愿这种跨越时空的美能唤起更多人心中对于自然的爱，让保护鸟类、关爱自然成为真正的时尚以及每一位地球公民义不容辞的责任。是为序。

广西科学院助理研究员
成都观鸟会副理事长

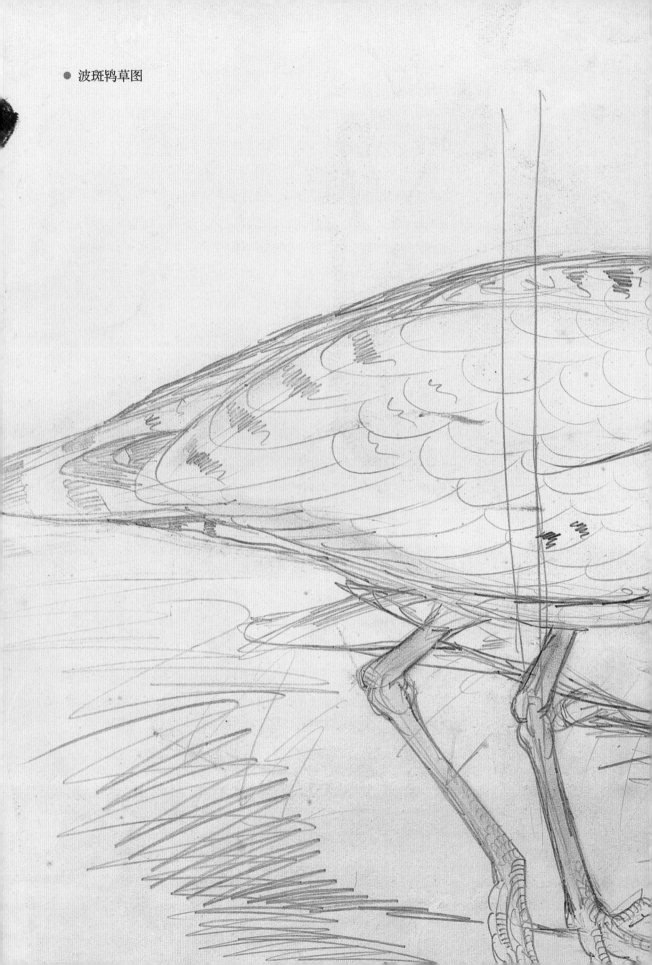

● 波斑鸨草图

"鸟人" 古尔德

夏雪

约翰·古尔德画像（石版画，现存伦敦韦尔科姆收藏馆。英国著名版画雕刻家、画家托马斯·赫伯特·马奎尔绘于 1849 年）

约翰·古尔德是著名的鸟类学家、动物学家、出版商，他的一生都在为鸟类标本收藏、鸟类图鉴出版事业奋斗。他身上闪耀着的人格魅力，令无数人为之着迷。

在他疯狂的职业生涯中，古尔德很幸运地得到了家人的支持、下属的忠诚和同行的尊重。凭借自己深厚的鸟类学知识和研究经验，古尔德成为引领查尔斯·达尔文（Charles Robert Darwin）走向自然选择理论

的科学家之一；通过高超的技艺和惊人的执着，古尔德在鸟类学研究方面成果斐然，同时也是那个时代鸟类学著作出版的赢家。他像一个时代印记，让我们得以窥见其所处时代的本质。

古尔德生平

约翰·古尔德出生在一个贫穷的工薪家庭，几乎没有受过正规的教育，也与当时的贵族阶层没有什么联系。因此可以说，他后来在伦敦动物学会所取得的地位和成就，全部源于自身的才华和努力。

1803 年，约翰·古尔德的父亲在 20 岁时离开家乡，到英格兰南部著名的海滨度假胜地莱姆里吉斯当了一名园丁。同年，他与当地人伊丽莎白·查特沃西（Elizabeth Clatworthy）相识并结婚。1804 年 9 月，约翰·古尔德出生。1806 年，老古尔德在位于萨里郡吉尔福德镇斯托克山的一个庄园得到了一份园丁的工作。这个庄园所在

的地方景观多样、物种丰富，古尔德在此长大，也正是在这里第一次认识到自然之美。古尔德从小便表现出对自然物收藏的极大兴趣，常常到菜地、荒野中寻找花、昆虫和鸟。9岁之前，他在当地的乡村学堂接受过一点基础教育。

1817年夏，在古尔德13岁时，老古尔德转到温莎城堡（Windsor Castle）的皇家花园做了园丁主管。从此，一家人便在这里定居。古尔德在皇家花园首席园丁约翰·艾顿（John Townsend Aiton）的手下当起园丁学徒。艾顿的父亲威廉·艾顿（William Aiton）是苏格兰植物学家，担任过英国皇家植物园邱园的园长。那时，植物猎人们在大英帝国广袤殖民地内发现的植物除了会被送到邱园之外，还会被送到温莎城堡皇家花园。年轻的古尔德由此接触到了最新的园艺技术、正式的景观设计方法和卡尔·林奈（Carl von Linné）的分类系统。也正是在这一时期，古尔德开始认真研究鸟类学，并学会了剥制动物标本的技术。这段经历，让他对动植物，特别是鸟类产生了

浓厚的探索欲，也为他打下了厚实的生物学基础。

19世纪欧洲殖民扩张及探险事业的发展，让欧洲的博物学也因此繁盛起来。博物学家们在记录、研究世界各地生物时，对标本收藏的需求也变得越来越大，甚至逐渐成为一种流行时尚。于是乎，会剥制标本的专业人士大受欢迎，尤其像古尔德这样技术精湛的标本技师更是受人追捧。年仅21岁的时候，他便受邀为国王乔治四世的巴斯特犬、麋鹿、鸵鸟等制作标本。

1825年，英国政治家托马斯·莱佛士（Thomas Stamford Raffles）倡议建立一个服务于科学研究的大型动物园和一个动物学会。该建议得到了时任伦敦皇家自然知识促进学会（即英国皇家学会，The Royal Society）会长汉弗莱·戴维（Humphrey Davy）的大力支持。1826年，伦敦动物学会（The Zoological Society of London）成立，莱佛士成为该学会的首任会长，伦敦动物园也同期开始筹备。1828年，伦敦动物园开始正式投入使用，初期主要为相关会员、科

学家提供科研材料和研究场所，至 1847 年最终正式面向公众开放。

除动物园之外，伦敦动物学会还建立了自己的博物馆，用于收藏动物标本，开展与动物学相关的研究。1828 年伦敦动物园开园时，该学会举办了一次面向公众征集展品的标本展，以此物色有能力的标本技师。古尔德抓住机会参加了此次展览，并在比赛中获胜。随即，他凭借出色的技艺被任命为伦敦动物学会博物馆的第一任馆长，也成为该学会的首席动物标本技师。这一年，古尔德只有 24 岁。自此以后，他便与伦敦动物学会牵绊了一生。

任职于博物馆，使古尔德接触到了大量的动物标本。他也因此认识了同时代的诸多博物学家，打开了视野，逐渐开启了自己的鸟类学研究和鸟类图鉴创作生涯。

1829 年，他与伊丽莎白·科克森（Elizabeth Coxen）结婚。伊丽莎白出生于 1804 年 7 月，生长在一个有着从军和海洋事业传统的家庭。她受过良好的教育，不仅擅长绘画，还拥有语言和音乐天赋。与古尔德结婚后，她倾尽心血帮助丈夫发展鸟类学事业。1841 年 8 月，伊丽莎白和古尔德最小的孩子降生。不幸的是，没过几天伊丽莎白就因产褥热去世。她在短暂的一生当中，为众多出版物绘制了 600 余幅插画，其中不仅有古尔德的著作，还包括达尔文的考察成果，为博物学的发展贡献了惊

人的力量。伊丽莎白去世后，古尔德全身心地投入到照顾家庭和科学事业中，再未婚育。

1881 年 2 月 3 日，古尔德去世。去世之前，他要求后人在自己的墓碑上刻上："鸟人"约翰·古尔德安息于此（Here lies John Gould, the Bird Man），以作为自己的墓志铭。

古尔德夫妇一共孕育了 8 个子女，2 个在襁褓中不幸夭折，另有三男三女长大成人。3 个儿子里面，亨利（Henry Gould）成为一名医生，1855 年在印度去世，年仅 25 岁；富兰克林（Franklin Gould）也是一名医生，1873 年在红海航行时去世，时年 34 岁；查尔斯（Charles Gould）是一名地质学家，1893 年在乌拉圭去世，享年 58 岁。古尔德家的 3 个儿子似乎都没有留下后代，3 个女儿中也只有长女伊丽莎（Eliza Gould）结婚，育有一女。

虽说古尔德家人丁算不得兴旺，但他终其一生留下了 50 余卷鸟类图鉴、3000 余幅科学插画，发表了 300 多篇科学论文，还命名并描述了约 380 个鸟类新种。缺乏显赫背景，古尔德凭借天资和不懈努力达到了令世人瞩目的成就。在奋斗过程中，他也得到了幸运女神的眷顾，既遇到了聪慧的贤妻，也结识了众多的良师益友，他们为古尔德的事业助力不少。古尔德被后世公认为"澳大利亚鸟类学之父"，也被赞誉为"奥杜邦之后最伟大的鸟类学家"。

古尔德的博物画出版之路

虽未在学校里读过什么书，但古尔德的父亲教了他很多做生意的技巧。结束园丁生活之后，年轻的古尔德在伦敦开了一家动物标本作坊，给自己带来了不菲的收益。1829 年，古尔德为国王乔治四世的宠物长颈鹿制作了标本，此举让他名声大振。

标本是博物学发展过程中的重要产物之一。而伴随博物学的繁荣发展起来的除了标本之外，还有用来记录、分享和传递自然信息的博物画，以及随之产生的大量图鉴、图册、动植物志等出版物。在不断接触各类标本的过程中，古尔德也萌生了出版博物画的念头，并在自己随后的职业生涯里将这件事做到了极致。

在温莎城堡学习期间，古尔德便受到过英国博物学家、版画家托马斯·比威克（Thomas Bewick）的作品的影响。比威克擅长在绘画中将鸟类与自然生境有机结合，其作品《英国鸟类史》（A History of British Birds）是第一部描绘自然栖息地内英国鸟类的插图著作。

1830 年，一批采集自喜马拉雅山地区的鸟类标本被送到英国，古尔德收购了其中的一部分。他对此十分着迷，决定要出版一部介绍喜马拉雅山鸟类的图册。他将这批鸟类剥制标本制成了生态标本，并为这部图册手绘了 80 幅草图，再由伊丽莎白将草图完善并转刻为石版画。爱尔兰动物学家尼古拉斯·维格斯为该图册撰写了文字介绍并资助了印刷。1830—1833 年间，《喜马拉雅山鸟类》陆续出版，成为古尔德主导出版的第一部鸟类科学图册。

古尔德在该书中采用了大画幅形式，按照对应鸟种的实际尺寸进行描绘。在绘制过程中，他决定只对其中的动物，比如鸟类和昆虫着色；植物和非生物元素，则统一采用简单的线条进行勾勒。当然，这里面还有一部分原因是当时伊丽莎白刚学会画石版画，技术还不够娴熟，他们决定对画面进行简化。而最终呈现出的效果，既画面优美，又主次分明。在当时已有的相关出版物中，《喜马拉雅山鸟类》被认为是一部较为全面而准确的鸟类图鉴。

1837 年 1 月初，伦敦动物学会收到了一大批哺乳动物和鸟类标本，这些是达尔文随"小猎犬"号环球航行时的部分考察发现。达尔文希望古尔德能帮忙鉴定这批标本中的鸟种。从当年 1 月至 3 月短短的数月间，古尔德就对其中的 450 号鸟类标本进行了鉴定，这其中就有著名的"加拉帕戈斯雀"（Galapagos finches），也就是 100 多年后成为适应辐射经典例证的"达尔文雀"。

与达尔文会面之前，古尔德在写给友人的一封信中曾提到："达尔文先生收集的鸟类标本非常精美；我正在对它们进行鉴定和描述；有些鸟的形态非常奇特，特别是那些来自加拉帕戈斯的鸟儿。我在它们中发现了一组雀，其中有12种或14种都是未被描述过的新种。"

到了3月，完成鉴定工作的古尔德正式与达尔文会面，两人探讨了对于加拉帕戈斯群岛陆生鸟类的分类问题。古尔德依据标本，将加拉帕戈斯群岛陆生鸟类划归为相应物种，而这些种与南美大陆上的物种明显有着关联。同时，依据形态学，古尔德准确地描述了达尔文从加拉帕戈斯带回的那些"雀"。根据古尔德的建议，达尔文修改了对上述标本的描述，并在随后出版的《"小猎犬"号科考动物志》（Zoology of the Voyage of

H.M.S. Beagle）一书中加入了古尔德撰写的在鸟类学方面的研究结果。伊丽莎白还为这部分内容绘制了50幅插图。

1838年，古尔德注意到澳大利亚还没有相关的自然类书籍，于是决定辞去在伦敦动物学会博物馆的职务，前往澳大利亚，探索这片神秘大地上的生物。这也是他为数不多地亲临标本产地。5月，他携妻儿前往澳大利亚，随行的还有动物标本收藏家约翰·吉尔伯特（John Gilbert）。古尔德将3个年幼的孩子托付给母亲照顾，其他事务，比如动物标本作坊、出版事务等，则交给了他的秘书，也是他一生的挚友埃德温·普林斯（Edwin Charles Prince）打理。

古尔德在澳大利亚的收获无疑是丰厚的，他发现并命名了诸多新物种。根据在当地的考察成果，他1840—1848年编制出版了著名的《澳大利亚鸟类》（The Birds of Australia），之后又于1869年完成了补充卷。这部图册共8卷，收录了近700幅彩色石版画，是古尔德备受称赞的作品之一。

1850年，古尔德开始创作《亚洲鸟类》（The Birds of Asia）。这是古尔德创作耗时最久的作品，出版时间长达33年。在《亚洲鸟类》的编写过程中，普林斯去世，古尔德自己也病倒了。1881年，在离世之前他将还未完成的《亚洲鸟类》托付给了大英博物馆的动物学家理查德·夏普（Richard Bowdler Sharpe）。古尔德去世之后，夏普

古尔德夫人为《"小猎犬"号科考动物志》所绘鸟类插图

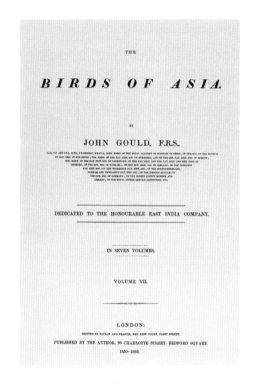

《亚洲鸟类》扉页

按照古尔德的心愿，完成了《亚洲鸟类》剩下的编写工作。这部作品收录了来自中亚、南亚次大陆、中国、东南半岛、马来群岛、菲律宾群岛等地鸟类的 530 幅版画插图。与 50 年前出版的《喜马拉雅山鸟类》相比，《亚洲鸟类》的色彩和内容都更加丰富，笔触也更加细腻。在鸟类行为的展示上，增加了雏鸟、雌雄异型鸟的不同形态、不同亚种、天敌、食物等元素的互动，画面更加充实、有趣。

除此之外，古尔德还先后完成了《欧洲鸟类》(The Birds of Europe)、《大不列颠鸟类》(The Birds of Great Britain)、《蜂鸟家族》(A Monograph of the Trochilidae, or Family of Hummingbirds)、《澳大利亚哺乳动物》(The Mammals of Australia) 等脍炙人口的作品。1875 年，他开始《新几内亚和临近巴布亚群岛的鸟类》的编写工作。这部作品直到 1888 年，古尔德去世 7 年后，才由夏普全部完成。

古尔德博物画的特点

古尔德是石版印刷术的早期倡导者。石版印刷是一种平版印刷工艺，由奥地利艺术家阿罗斯·塞尼菲尔德（Alois Senefelder）于 1798 年左右发明，是版画制作领域的一项开创性技法。石版印刷的图像质量出众，制作相对容易，价格较为低廉，对美术家来说有很强的吸引力，19 世纪在欧洲一度成为书籍图解的重要表现手段。古尔德的作品基本都是用石版印刷来完成的。

实际上，古德尔本身也是一位才华横溢的画师。他著作中的很多插图都是由自己先勾画草图，再由伊丽莎白和其他画师进一步上色和制版。他将在野外看到的物种及其活动场景迅速地记录下来，然后交给其他人进行完善；或者提供想法，让插画师、助手来实现图案。如此一来，既能高效地完成工作，又能保证内容的科学性和风格的一致性。

在绘图过程中，古尔德十分重视画作

的科学性，又力求画面的美感。在用铅笔勾勒草图时，他特别注意鸟类在解剖学上的特征，擅长捕捉细节，忠实于标本，力求精准。同时，他又将植物学与鸟类学融合，在画中配以鸟类的生存环境，创作出古典而又优雅的画面，极具浪漫主义情怀。经他出版的博物图书，既是科学图鉴，也是艺术画册，兼具科学参考和艺术观赏价值。

但科学与美学的结合并不是一开始就兼顾的。实际上，在刚开始创作时，古尔德虽注重绘制对象的科学呈现，比如颜色、形态等，但笔触却不够细腻，鸟的身体特征也不完全真实，甚至有不自然的姿态和卡通气质。经过不断摸索，古尔德在博物画方面的意识和绘画技术日渐成熟，其作品不但越来越精致，还提升了美感，加入了与描绘对象相关的元素，比如鸟巢、幼鸟、鸟群等，形成了精美的构图风格。

除此之外，他还为画作配了解说文字。古尔德对早期鸟类学家的作品和欧洲鸟类的标本藏品十分熟悉，他将已知晓的知识和在新发现中有价值的信息提炼出来。而对于那些国外的，不能亲自到野外观测的鸟类的习性、分布范围等信息，他则参考各博物学家提供的野外笔记。通常，这些博物学家会受他雇佣，帮他收集标本，采集信息。

受当时信息来源的局限，古尔德为鸟种写的描述有些并不完整，有些带有推测性质，随着鸟类学的发展，如今许多鸟类的分类地位也已经与古尔德当时的描述有所出入。但这并不影响古尔德画作的历史价值。古尔德被当代评论家誉为英国有史以来"造诣最高的鸟类插画师"，其著作"在科学界无与伦比"，开创了"鸟类学历史新纪元"。如今，当我们阅读和欣赏这些来自一百多年前的文字和插画时，仿佛在与博物学家对话一般，不仅能在画作中重温当年的历史过程，也可以感受到那个时代博物学的兴盛繁荣。

古尔德与中国鸟类

19世纪以前，我国有不少著作中涉及鸟类介绍。《诗经》中提到野生鸟类77次，《山海经》中有鸟类记录76条，《本草纲目》中列有鸟类77种，《尚书》中记录了鸟兽同穴的现象，《齐民要术》介绍了家禽饲养方法，《梦溪笔谈》描写了鸟类迁徙行为……但它们都不是专门的中国鸟类记录专著。

在古尔德生活的19世纪，有不少西方探险家、博物学家到中国进行考察并采集标本。抛开政治目的，他们的到来从一定程度上说为发现和科学地梳理中国鸟类起到了促进作用。其中，英国人郇和（Robert Swinhoe）于1871年出版《中国鸟类名录修订版》，共收录中国鸟种675个，这是已知全面记录中国鸟类的最早著作。法国人谭卫道（Fr Jean Pierre Armand David）与奥斯特莱（E. M. Oustalet）于 1877 年合作编著《中国鸟类》（Les Oiseaux de Chine），收录中国鸟种 807 个，包含了谭卫道见过的 772 种鸟，以及郇和、普尔热瓦尔斯基（Nikolay Mikhaylovich Przhevalsky）等人在中国的发现。夏普称其为"极为完善的中国鸟类书籍"。

古尔德的作品虽涉及地域广泛，但他并未出版过专门针对中国鸟类的著作。也许是由于当时已有诸多博物学家在中国探索和发现，作为敏锐的商人，他首先要寻找别人还未占领的高地。再加上，当时人们对地球生物分布区域的认识大多还停留在政治边界上，生物地理学还未形成一套成熟的理论向大众普及。和其他学者一样，古尔德根据当时的政治边界，将自己的一部分作品范围按大洲划分，其中《亚洲鸟类》便收录了包括中国在内的这片广袤大地上生活着的一些典型鸟种。创作《亚洲鸟类》时，古尔德也受到了郇和等人关于中国鸟类发现的影响，他在该书中收录了大量与中国鸟类有关的描述和插画作品。同时，《喜马拉雅山鸟类》《大不列颠鸟类》《欧洲鸟类》《澳洲鸟类》中也收录有在中国境内有所分布的鸟种。如今我们从这些作品中挑选相应的图版整理成册，以方便读者直观地了解古尔德笔下的中国鸟类之美。

随着科技的进步，古尔德的这些画作在今天看来确实存在不足的地方，但作为科学绘画里程碑式的作品，它们的意义远不止于此。古尔德自己也曾预言："比起博物学家，这些作品对于收藏家来说价值更大。"如今，人们喜爱、收藏古尔德的作品，很大一部分原因可能就是出于对美好事物的珍视，对科学精神的崇敬之意。

The larger colored head is
characteristic of the bird, but I
much for the details, leg, wing
I am in doubt as to the amount
malachite spots, they may be higher
intial of pointed as shown. The
colored head with the wattle style
tinted in infinite minute

● 红腹角雉草图

GALLIFORMES
鸡形目

● **分类现状**

    全世界 5 科 85 属 307 种，包括冢雉科、凤冠雉科、齿鹑科、雉科和珠鸡科，中国仅分布有雉科的 28 属 64 种，其中我国特有雉类 21种，是世界上雉类多样性最高的国家之一。常见的火鸡、鸡、鹌鹑、孔雀、珍珠鸡、松鸡等隶属于鸡形目。鸡形目是现代鸟类中最为古老的类群之一，起源于白垩纪。分布于澳大利亚和新几内亚岛的冢雉科最为古老，其次是凤冠雉科。鸡形目鸟类是与人类关系最为密切的类群，家鸡由红原鸡驯化而来，发生于 6000 年前。环颈雉于 19 世纪由亚洲引入北美作为猎禽。鸡形目处于鸟类系统发育树的一个基干支系，与雁形目互为姊妹群，进化历史相对独立，并发生了广泛的适应性辐射。

● **分布情况**

    分布于除南北极外的世界各地，涵盖寒带、温带、亚热带和热带等多样的气候带。中国的鸡形目鸟类有 2个明显的分布中心，即喜马拉雅—横断山中心和滇南山地中心。雉科鸟类几乎仅自然分布于亚洲，只有刚果孔雀见于非洲。

● **形态特征**

    脚强健有力，具锐爪，善于奔走和在地面刨取食物。喙短而粗壮，呈圆锥形。两翼短圆，常具有发达而长的尾羽。

有些种类雌雄羽色差异明显，雄鸟往往具有艳丽的体羽。雉科雄鸟的跗蹠后缘具距，也是其第二性征。

● 生态习性

    鸡形目多为在地面活动的陆禽，不善飞，惊飞时也多不高飞且持续时间短。它们主要以植物种子和果实为食，也会捕食昆虫和其他小型无脊椎动物。绝大多数种类都为留鸟，在非大陆性岛屿上难见踪迹，少数种类有垂直迁移行为，还有少数种类具迁徙习性。大多数种类繁殖期较长，性成熟较晚，繁殖率偏低。鸡形目鸟类对环境变化极为敏感，环境变化可能会制约种群快速增长。幼鸟均为早成鸟，出壳后不久就能行走觅食。

● 保护形势

    中国已知的 64 种鸡形目鸟类，其中 23 种被列为国家一级保护野生动物，另有 28 种列为国家二级保护野生动物。其中镰翅鸡在境内已经多年未有记录，可能已经在国内绝迹。由于飞行和扩散能力较弱，加之人为干扰、栖息地破碎化和偷猎的影响，鸡形目是生存受到较为严重威胁的类群。鸡形目鸟类在维持生态系统稳定性方面发挥着重要作用，其生存状况在一定程度上可以反映栖息地环境的质量，是重要的环境指示生物。因此，鸡形目鸟类的研究和保护力度仍需要进一步加大。

松鸡。

学　　名：*Tetrao urogallus*
英文名称：Western Capercaillie
科　　属：雉科 松鸡属
分布范围：新疆
保护级别：无危，国家二级保护野生动物

花尾榛鸡。

学　　名：*Tetrastes bonasia*
英文名称：Hazel Grouse
科　　属：雉科 榛鸡属
分布范围：黑龙江、吉林、辽宁、河北、内蒙古、新疆
保护级别：无危，国家二级保护野生动物

自带"乐器"的鸟

像其他很多雉类一样，黑琴鸡雌雄羽色差异明显，二者在体形上也有很大差别。黑琴鸡雌鸟全身棕褐色，布满黑褐色斑纹，尾部圆形、不向外弯曲。黑琴鸡雄鸟体形更大，全身的羽色以黑色为主，头部眼睛上方有红色冠状肉锤，尾羽呈叉状，最外侧的尾羽长且向外卷曲，形似西洋古典乐器里拉琴。它也因此而得名。

古尔德先生曾经在描述黑琴鸡的时候说，欧洲应该是这个物种在世界上唯一的自然栖息地，如果有第二个栖息地，最可能是西伯利亚地区。但他那时其实并不清楚西伯利亚是否真的有黑琴鸡分布。

事实上，黑琴鸡广泛见于于欧亚大陆北部中低山地的针叶林、针阔混交林、森林草原、草甸、森林沟谷等地带，比如欧洲斯堪的纳维亚半岛、芬兰、法国、英国，俄罗斯西伯利亚、库页岛及蒙古等地。在我国境内它主要栖息于东北三省、河北和新疆。尹远新等人（2009）对黑琴鸡在我国境内的分布情况和10年间其分布区域的历史变迁做了调查和分析。他们发现虽说黑琴鸡分布区的外围轮廓变化不大，但分布范围却在退缩；这样的退缩呈现出多方向齐头并进的趋势；并且据估计该种在10年间的野外种群数量由15万只下降到了不到3万只。黑琴鸡分布范围的退缩、种群数量的急剧减少与人类活动的干扰密不可分。

黑琴鸡一共有7个亚种，在我国分布着3个亚种，即 *T.t.baikalensis* 亚种、*T.t.ussuriensis* 亚种和 *T.t.mongolicus* 亚种。它们形态优雅、体形健硕，历史上一直是传统的狩猎对象。再加上近几十年人类的生活领域不断扩张，砍伐、毁林从未间断，黑琴鸡的生存环境受到了极大的影响甚至遭到完全破坏，使得其野外种群数量急剧下降。

为什么说栖息地的质量对黑琴鸡来说如此重要？原因有几个。一方面黑琴鸡成鸟的主要食物来源是栖息地中的植物种子、根茎、嫩叶、花等，雏鸟则主要以无脊椎动物为食物，它们在分布地属于留鸟，且不擅长飞行，一旦植被遭到破坏，黑琴鸡就可能因食物短缺而无法存活，特别是雏鸟。另一方面，黑琴鸡在营巢时偏向于选择有高灌丛或草本植物的地方以方便隐蔽巢穴和卵，同时此地还应有丰富的无脊椎动物以供雏鸡孵出后取食，所以栖息地条件的好坏会直接影响到雌鸟产卵的效率以及雏鸟的成活率。

黑琴鸡。

学　　名：*Lyrurus tetrix*
英文名称：Black Grouse
科　　属：雉科 黑琴鸡属
分布范围：黑龙江、吉林、辽宁、河北、内蒙古、新疆
保护级别：无危，国家一级保护野生动物

　　图中，远景中可以看到一群黑琴鸡雄鸟正在格斗和炫耀表演，以争得在一旁观看的雌鸟的青睐，获得交配机会。而近景中，一只雄鸟和一只雌鸟在树枝上休息。雌鸟的绘制并不十分准确，其头部眼睛上的红色皮肤在实际中并不存在。这一笔可谓是"画蛇添足"了。

岩雷鸟。
学　　名: *Lagopus muta*
英文名称: Rock Ptarmigan
科　　属: 雉科 雷鸟属
分布范围: 新疆
保护级别: 无危，国家二级保护野生动物

柳雷鸟。
学　　名: *Lagopus lagopus*
英文名称: Willow Ptarmigan
科　　属: 雉科 雷鸟属
分布范围: 新疆、黑龙江
保护级别: 无危，国家二级保护野生动物

雪鹑。

学　名：*Lerwa lerwa*
英文名称：Snow Partridge
科　属：雉科 雪鹑属
分布范围：西藏、甘肃、云南、四川
保护级别：无危，"三有目录"

红喉雉鹑。

学　名：*Tetraophasis obscurus*
英文名称：Chestnut-throated Partridge
科　属：雉科 雉鹑属
分布范围：中国特有鸟类，四川、青海、
　　　　云南、甘肃、西藏
保护级别：无危，国家一级保护野生动物

暗腹雪鸡。

学　　名: *Tetraogallus himalayensis*
英文名称: Himalayan Snowcock
科　　属: 雉科 雪鸡属
分布范围: 内蒙古、甘肃、新疆、青海
保护级别: 无危，国家二级保护野生动物

藏雪鸡。

学　　名: *Tetraogallus tibetanus*
英文名称: Tibetan Snowcock
科　　属: 雉科 雪鸡属
分布范围: 甘肃、新疆、青海、西藏、四川、云南
保护级别: 无危，国家二级保护野生动物

阿尔泰雪鸡。

学　　名: *Tetraogallus altaicus*
英文名称: Altai Snowcock
科　　属: 雉科 雪鸡属
分布范围: 新疆
保护级别: 无危，国家二级保护野生动物

斑翅山鹑。

学　　名：*Perdix dauurica*

英文名称：Daurian Partridge

科　　属：雉科 山鹑属

分布范围：黑龙江、吉林、辽宁、北京、天津、河北、山西、陕西、内蒙古、宁夏、甘肃、新疆、青海

保护级别：无危，"三有名录"

高原山鹑。

学　　名：*Perdix hodgsoniae*

英文名称：Tibetan Partridge

科　　属：雉科 山鹑属

分布范围：新疆、甘肃、西藏、青海、云南、四川

保护级别：无危，"三有名录"

蓝胸鹑。

学　　名: *Synoicus chinensis*
英文名称: Blue-breasted Quail
科　　属: 雉科 蓝胸鹑属
分布范围: 云南、贵州、福建、广东、广西、海南、台湾
保护级别: 无危，"三有名录"

西鹌鹑。

学　　名: *Coturnix coturnix*
英文名称: Common Quail
科　　属: 雉科 鹌鹑属
分布范围: 新疆、西藏
保护级别: 无危

台湾竹鸡。

学　　　名：*Bambusicola sonorivox*
英文名称：Taiwan Bamboo Partridge
科　　　属：雉科 竹鸡属
分布范围：中国特有鸟类，仅见于台湾
保护级别：无危，"三有名录"

血雉指名亚种。

学　　名：*Ithaginis cruentus cruentus*
英文名称：Blood Pheasant
科　　属：雉科 血雉属
分布范围：西藏
保护级别：无危，国家二级保护野生动物

血雉 *geoffroyi* 亚种。

学　　名：*Ithaginis cruentus geoffroyi*
英文名称：Blood Pheasant
科　　属：雉科 血雉属
分布范围：中国特有亚种，主要分布于西藏、青海、云南、四川
保护级别：无危，国家二级保护野生动物

灰腹角雉。
学　名：*Tragopan blythii*
英文名称：Blyth's Tragopan
科　属：雉科 角雉属
分布范围：西藏、云南
保护级别：易危，国家一级保护野生动物

黑头角雉。
学　　名：*Tragopan melanocephalus*
英文名称：Western Tragopan
科　　属：雉科 角雉属
分布范围：西藏
保护级别：易危，国家一级保护野生动物

红胸角雉。
学　　名：*Tragopan satyra*
英文名称：Satyr Tragopan
科　　属：雉科 角雉属
分布范围：西藏
保护级别：近危，国家一级保护野生动物

红腹角雉。

> 学　　名：*Tragopan temminckii*
> 英文名称：Temminck's Tragopan
> 科　　属：雉科 角雉属
> 分布范围：陕西、甘肃、西藏、云南、四川、重庆、贵州、湖北、湖南、广西
> 保护级别：无危，国家二级保护野生动物

黄腹角雉。

> 学　　名：*Tragopan caboti*
> 英文名称：Cabot's Tragopan
> 科　　属：雉科 角雉属
> 分布范围：中国特有鸟类，主要分布于浙江、湖南、广东、广西、福建
> 保护级别：易危，国家一级保护野生动物

勺鸡。

学　　名：*Pucrasia macrolopha*
英文名称：Koklass Pheasant
科　　属：雉科 勺鸡属
分布范围：西藏、云南、四川、甘肃、安徽、重庆、贵州、
　　　　　湖北、湖南、江西、浙江、福建、广东
保护级别：无危，国家二级保护野生动物

棕尾虹雉。

学　　名：*Lophophorus impejanus*
英文名称：Himalayan Monal
科　　属：雉科 虹雉属
分布范围：西藏、云南
保护级别：无危，国家一级保护野生动物

白尾梢虹雉。

学　　名：*Lophophorus sclateri*

英文名称：Sclater's Monal

科　　属：雉科 虹雉属

分布范围：西藏、云南

保护级别：易危，国家一级保护野生动物

绿尾虹雉。

学　　名：*Lophophorus lhuysii*

英文名称：Chinese Monal

科　　属：雉科 虹雉属

分布范围：中国特有鸟类，主要分布于甘肃、
　　　　　西藏、青海、云南、四川

保护级别：易危，国家一级保护野生动物

白鹇（xián）

学　　名：*Lophura nycthemera*
英文名称：Silver Pheasant
科　　属：雉科 鹇属
分布范围：云南、四川、贵州、湖北、江西、
　　　　　江苏、浙江、福建、广东、广西、
　　　　　海南
保护级别：无危，国家二级保护野生动物

黑鹇

学　　名：*Lophura leucomelanos*
英文名称：Kalij Pheasant
科　　属：雉科 鹇属
分布范围：西藏、云南
保护级别：无危，国家二级保护野生动物

蓝腹鹇。

学　　名：*Lophura swinhoii*
英文名称：Swinhoe's Pheasant
科　　属：雉科 鹇属
分布范围：中国特有鸟类，仅见于台湾
保护级别：近危，国家一级保护野生动物

褐马鸡

鸡中"骏马" 鸟中斗士

褐马鸡，从字面意思来看，就是像马一样的褐色雉鸡。说它像马，一点儿都不夸张。褐马鸡的中央尾羽向上高高翘起，羽枝细长而自然下垂，好似马尾一样；再加上它两腿粗壮有力，善于在林间奔走，跑窜起来就像一匹飞奔的骏马。它不光善于奔走，还骁勇好斗。曹植在其《鹖赋》的序中提到："鹖之为禽猛气，其斗终无胜负，期于必死，遂赋之焉！"意思是，鹖勇猛刚烈，宁死不屈。而这里的鹖，就是我国古人对褐马鸡的称呼。古人欣赏褐马鸡"毅不知死"的性格，从汉武帝时期开始，便将它的尾羽用来装饰帽子赏赐给武将，以赞赏他们勇武善战、贞刚节烈的品格，激励他们英勇报国。这种帽子就被称为鹖冠。

褐马鸡全身的羽毛以黑褐色为主，而耳部两旁的羽毛却为十分显眼的白色，并向头部后上方延伸，看上去像一对竖立起来的耳朵，也有人说像一对白色的犄角，气势威武。因此，褐马鸡也被称为耳鸡、角鸡。

褐马鸡是我国特有的鸟类之一，属于马鸡属鸟类。马鸡包括藏马鸡、白马鸡、蓝马鸡和褐马鸡四"兄弟"，它们的体型普遍较其他雉类要大。藏马鸡主要分布在西藏东南部，白马鸡见于青海、四川、云南等地，蓝马鸡主要分布在青海、甘肃、宁夏一带，前三种的分布地区相邻，仅有褐马鸡偏居华北，目前见于山西及河北。

褐马鸡的生存十分依赖其栖息环境。它们生活在山林之中，不善飞行，习惯在针叶阔叶混交林或针叶林的地面取食植物、筑

褐马鸡

学 名：Crossoptilon mantchuricum
英文名称：Brown Eared Pheasant
科 属：雉科 马鸡属
分布范围：中国特有鸟类，主要分布于陕西、山西、河北、北京
保护级别：易危，国家一级保护野生动物

巢产卵。因为食物受到植物分布和气候的影响，在不同季节里，褐马鸡会在栖息地里垂直迁徙，表现为冬季往山下移动觅食，夏季到山上繁殖。因此，一旦它们的栖息地遭到破坏，便会大大缩小其生存空间。

褐马鸡是群居性动物，若幼鸟在成长过程中与父母走散，也会继续被其他成年个体抚育长大。图中展示的便是一群褐马鸡外出觅食的场景。在画面的远处，几只褐马鸡在地上游走寻找食物，近处一只褐马鸡站立在绒柏树枝上，仿佛在站岗放哨。绒柏原产日本，是日本花柏的变种。在我国，绒柏主要被引种到了一些南方地区进行栽培，是一个园艺品种。由此可以推断，古尔德先生这幅图应是对着标本资料绘制的。

白冠长尾雉。

学　　　名：*Syrmaticus reevesii*
英文名称：Reeves's Pheasant
科　　　属：雉科 长尾雉属
分布范围：中国特有鸟类，河南、陕西、甘肃、云南、
　　　　　四川、重庆、贵州、湖北、湖南、安徽
保护级别：易危，国家一级保护野生动物

白颈长尾雉。

学　　名：*Syrmaticus ellioti*
英文名称：Elliot's Pheasant
科　　属：雉科 长尾雉属
分布范围：中国特有鸟类，重庆、贵州、湖北、湖南、安徽、
　　　　　江西、浙江、福建、广东、广西
保护级别：近危，国家一级保护野生动物

环颈雉。

学　　名：*Phasianus colchicus*
英文名称：Common Pheasant
科　　属：雉科 雉属
分布范围：黑龙江、吉林、辽宁、北京、天津、山东、河北、
　　　　　河南、山西、陕西、内蒙古、宁夏、甘肃、新疆、
　　　　　青海、云南、四川、贵州、湖北、湖南、安徽、
　　　　　江西、江苏、上海、浙江、福建、广东、台湾
保护级别：无危，"三有名录"

红腹锦鸡。

学　　名：*Chrysolophus pictus*
英文名称：Golden Pheasant
科　　属：雉科 锦鸡属
分布范围：中国特有鸟类，主要分布于河南、陕西、山西、宁夏、甘肃、青海、
　　　　　云南、四川、重庆、贵州、湖北、湖南
保护级别：无危，国家二级保护野生动物

红腹锦鸡

羽虫之长 国鸟候选

《山海经》记载："丹穴之山……有鸟焉，其状如鸡，五采而文，名曰凤皇。"意思是说，丹穴山这个地方有一种叫凤皇（即凤凰）的鸟，看起来像鸡一样，身上有五彩的花纹，羽色十分艳丽。凤凰被称为"羽虫之长"，是古人臆造的神鸟。而在众多现生动物中，红腹锦鸡被认为是最接近凤凰形象的鸟类之一。

在《本草纲目》中，红腹锦鸡有诸多别名，如山鸡、锦鸡、金鸡、采鸡等。从这些别名可以看出，红腹锦鸡身披鲜艳的花纹，喜欢生活在山地环境中。不过，红腹锦鸡为雌雄异型的鸟。雌鸟羽色相对单一、黯淡，全身以棕褐色为主，上体点缀着黑色横纹。而雄鸟的羽色则丰富多彩，集红、橙、黄、绿、蓝、褐、黑等颜色于一身，较雌鸟丰富艳丽。

周代《禽经》将红腹锦鸡描述为"背毛黄，腹毛赤，颈毛绿而鲜明"，虽然描述部位与现代鸟类学的定义有所出入，但已说明了主要的羽色特征。红腹锦鸡雄鸟的额、头部和背部具有金黄色的丝状羽毛，上背有着金属绿色的羽毛，胸和腹部则为深红色的羽毛。此外，其枕部橙黄色镶黑边的盔状羽是雄鸟十分重要的特征，也是它们用来吸引异性的"法宝"之一。

繁殖季节时，红腹锦鸡雄鸟具十分有趣的求偶炫耀行为。求偶时，雄性红腹锦鸡侧身对向雌鸟，拼尽全力将枕部橙黄色的盔羽打开，遮住自己的脸颊和喙，同时围绕着雌鸟往返奔走。

红腹锦鸡是我国的特有鸟种，从古至今，国人都将红腹锦鸡视作一种文化图腾，认为它是吉祥和富贵的象征，宋徽宗更是在《芙蓉锦鸡图》上题词"秋劲拒霜盛，峨冠锦羽鸡。已知全五德，安逸胜凫鹥"，来称赞其五德（即文、武、勇、仁、信）之美。此外，红腹锦鸡优雅的姿态，及其雄鸟深红色和金黄色的羽色搭配，与我国版图形状、国旗配色相宜，加上其在中国传统文化中的特殊寓意，鸟类学界提议将其作为国鸟候选。中国鸟类学会会徽正是一只红腹锦鸡的形象。

在中国鸟类学研究历史上，红腹锦鸡还曾扮演过一个特殊的角色。20 世纪 30 年代，中国现代鸟类学奠基人之一郑作新先生在美国密歇根大学求学。当他在学校标本馆第一次见到红腹锦鸡的标本时，为之震撼不已，毅然决定回国专研鸟类学。

红腹锦鸡自 18 世纪被探险家和商人传入欧美地区，一直深受人们的喜爱。古德尔想必也是十分喜爱红腹锦鸡，他在一张图上画了五只红腹锦鸡来展示其外形和行为。画作上近处有一雄一雌两只红腹锦鸡，正在蹲卧休息。远处，还有一只雌性红腹锦鸡在树枝上眺望。旁边另两只雄鸟将羽毛蓬起，正在为争夺领地和与雌鸟交配的机会而相互比拼。画面动静相宜，十分有趣。

不过，画作中还是存在描绘不准确的地方。比如，红腹锦鸡雄鸟的虹膜应为淡黄色，而非画中的棕黄色。再者，红腹锦鸡生性敏感机警，通常成小群或单独在地面活动、到树上栖息，几乎不会如画中所示蹲卧在开阔的地面上。这也说明，相较于野外写生，对照标本绘图在物种特征呈现上确实会存在一定的误差。古尔德应该是很清楚这一缺陷，所以尽量在每部作品中为每个物种配以文字描述，以提高物种信息的准确性。

ANSERIFORMES
雁形目

● **分类现状**

全世界 3 科 54 属 158 种，包括叫鸭科、鹊雁科和鸭科，中国分布有鸭科的 23 属 54 种。雁形目是地球上最古老的现代鸟类之一，可能起源于 6200 万年前的古新世，当时恐龙绝灭后空出了大量生态位。雁形目与鸡形目的亲缘关系最为密切，同属鸡雁小纲。

● **分布情况**

世界广泛分布，但各科的分布范围差异较大。叫鸭科 3 种，仅见于南美洲，范围从哥伦比亚至阿根廷北部。鹊雁科如今只有鹊雁这一种，仅分布于澳大利亚北部及新几内亚岛南部。其余雁形目种类都属于鸭科，见于南极洲以外的各个大陆。我们身边常见的家鸭主要是由鸭科的绿头鸭在距今约 2200 年前驯化而来。

● **形态特征**

雁形目的三个科形态差异较大，叫鸭科的头和喙形似鸡形目的成员，具强壮的长腿和长趾，趾上仅具微蹼；成鸟体长可达 90 厘米，体型似大型雁类；在翼角具有一个锋利的刺突，雄鸟会用该结构进行打斗。鹊雁体型与叫鸭相似，但长趾间具有半蹼；体羽黑白分明，腿长淡黄色；喙形较为特殊，喙长且端部具钩，在旱季可用来挖掘食物。鸭科的绝大部分种类具长的脖颈，喙呈扁平状，喙端常有嘴甲，趾具蹼，腿短而有力。鸭科种类体型差别很大，非洲棉凫体长最小仅 27 厘米，体重不到 300 克；而大天鹅可达 1.65 米，体重超过 12 千克。

● **生态习性**

属于典型的水鸟，大部分雁鸭类具有明显的季节性迁徙习性。叫鸭科鸟类主要栖息在热带和亚热带地区的各类低海拔湿地；植食性，主要以树叶、花朵、种子和各类水生植物为食；叫鸭为一雄一雌的单配制，配偶关系可能维持终生；雌雄共同筑巢、孵卵和育雏。鸭科种类繁多，生态习性多样；多数雁、天鹅和鸭属鸟类为植食性，雁类在陆地或湿地食草，天鹅和许多鸭类浮游在水面，将头颈伸入水中取食水生植物。不少

豆雁。

学　名：*Anser fabalis*　英文名称：Bean Goose

科　属：鸭科 雁属　分布范围：黑龙江、吉林、辽宁、北京、天津、河北、山东、河南、内蒙古、新疆、湖北、湖南、安徽、江西、江苏、上海、浙江、福建、广东、广西、海南

保护级别：无危「三有名录」

鸭类还用扁平的喙滤食水中的食物，很多鸭类也取食昆虫及水生无脊椎动物。潜鸭及秋沙鸭类多偏肉食性，潜水捕食鱼类和软体动物等；鸭科鸟类多为一雄一雌的单配制，雁类和天鹅的雌雄配偶关系可能维系终生，它们或单独筑巢，或是集群筑巢，不同种类会在树洞、岩石及水边等不同区域营巢。黑头鸭则是专性的种间巢寄生鸟类，而有些雁鸭类可能有种内巢寄生行为，即会将卵产到同种其他个体的巢内。多数鸭科鸟类在繁殖过后会完全脱换飞羽和尾羽，这期间完全丧失飞行能力，雄鸟这时候的羽色跟雌鸟非常接近，被称作"蚀羽"。鹊雁是雁形目中非常独特的类群，往往一只雄鸟会跟两只雌鸟配对，这种配偶关系可能也会维系终生；雌雄都参与筑巢、孵化和育雏，雏鸟跟亲鸟会在一起生活到第二年，远远长于其他雁形目种类；鹊雁不会全部脱换飞羽，因此全年均能飞行。

● **保护形势**

在我国分布的雁形目鸟类，青头潜鸭、中华沙秋鸭和白头硬尾鸭被列为国家一级保护野生动物，另有14种列为国家二级保护野生动物。水体污染、栖息地恶化和丧失、人为捕杀等因素是造成雁形目鸟类种群数量下降的主要因素。

雁形目 ANSERIFORMES | 047

灰雁

学　　名：*Anser anser*　英文名称：Greylag Goose
科　　属：鸭科 雁属　分布范围：见于各省
保护级别：无危，"三有名录"

白额雁

学　　名：*Anser albifrons*
英文名称：Greater White-fronted Goose
科　　属：鸭科 黑雁属
分布范围：黑龙江、吉林、辽宁、北京、天津、山东、河北、
　　　　　河南、内蒙古、湖北、湖南、安徽、江西、江苏、
　　　　　上海、浙江、广东、广西、台湾
保护级别：无危，国家二级保护野生动物

雪雁

学　　名：*Anser caerulescens*
英文名称：Snow Goose
科　　属：鸭科 雁属
分布范围：辽宁、天津、河北、山东、河南、湖北、
　　　　　湖南、江西、江苏
保护级别：无危，"三有名录"

黑雁

学　　名：*Branta bernicla*
英文名称：Brant Goose
科　　属：鸭科 黑雁属
分布范围：辽宁、北京、河北、山东、内蒙、陕西、湖北、
　　　　　湖南、安徽、江西、浙江、福建、台湾
保护级别：无危，"三有名录"

疣鼻天鹅。

学　　名：*Cygnus olor*
英文名称：Mute Swan
科　　属：鸭科 天鹅属
分布范围：黑龙江、吉林、辽宁、北京、天津、山东、河
　　　　　北、河南、陕西、内蒙古、宁夏、甘肃、新
　　　　　疆、青海、四川、湖北、江苏、浙江、台湾
保护级别：无危，国家二级保护野生动物

小天鹅。

学　　名：*Cygnus columbianus*
英文名称：Tundra Swan
科　　属：鸭科 天鹅属
分布范围：黑龙江、吉林、辽宁、北京、天津、山东、河
　　　　　北、河南、山西、内蒙古、宁夏、甘肃、新
　　　　　疆、云南、四川、贵州、湖北、湖南、安徽、
　　　　　江西、江苏、上海、浙江、福建、广东、广
　　　　　西、台湾
保护级别：无危，国家二级保护野生动物

大天鹅。

学　　名：*Cygnus cygnus*
英文名称：Whooper Swan
科　　属：鸭科 天鹅属
分布范围：黑龙江、吉林、辽宁、北京、天津、山东、河北、河南、山西、陕西、内蒙古、宁夏、甘肃、新疆、青海、云南、四川、贵州、湖北、湖南、安徽、江西、江苏、上海、浙江、广西、台湾
保护级别：无危，国家二级保护野生动物

赤麻鸭。

学　　名：*Tadorna ferruginea*
英文名称：Ruddy Shelduck
科　　属：鸭科 麻鸭属
分布范围：除海南外，见于各省
保护级别：无危，"三有名录"

翘鼻麻鸭。

学　　名：*Tadorna tadorna*
英文名称：Common Shelduck
科　　属：鸭科 麻鸭属
分布范围：除海南外，见于各省
保护级别：无危，"三有名录"

鸳鸯
中国官鸭

　　古尔德先生曾称赞鸳鸯和林鸳鸯（鸳鸯属的另一个物种）是鸭科家族中最貌美出众的两个物种，而二者中，又以鸳鸯更胜一筹。

　　"鸳鸯"是一个合成词，属于联合型或者叫并列型的复合式合成词，也就是说该词中含有两个以上的语素。宋代《尔雅翼·释鸟·鸳鸯》中记载："雄名曰鸳，雌名曰鸯。"意为"鸳"和"鸯"是两个独立的词根，前者指雄鸟，后者指雌鸟。而鸳鸯美貌的赞誉则主要归功于羽色夸张的雄鸟。每到繁殖季节，雄性鸳鸯便换上华丽的羽饰：暗红色的喙，白色的眉纹，翠绿色的额和头顶，暗紫绿色的冠羽，背部醒目耀眼的栗黄色帆状三级飞羽，以及橙黄色的脚。羽色相对朴素的雌鸟则会通过雄鸟的这身新装来判断其健康状况，以便帮助自己做出是否要与它组建家庭的决定。

　　繁殖季节时，鸳鸯常常成对出现。因此，古人描述它"止则相耦，飞则为双"，将鸳鸯看作是爱情的象征。古时候，许多床上用品、服饰等物品上都绣有鸳鸯的图样，寓意恩爱、美满。在许多年画、诗词中，也频频有它们的身影，是对美好爱情的祝愿和赞美。古人认为，雌雄鸳鸯一旦结为配偶，便会相亲相爱，相守终生。然而，真实的鸳鸯可能要令我们失望了。

　　鸳鸯是群居性动物，常结群活动。伴随着繁殖期的到来，鸟群会逐渐分散成小群活动；进入繁殖期后一段时间内，它们常常成对出现。然而，以往的研究表明，在鸳鸯的世界里，"一夫一妻"其实是有时效的。在当年的繁殖期内雌雄鸳鸯会成为彼此的伴侣，但在繁殖期结束后，便各自生活，到了第二年再择新欢。如果繁殖期内一方遭遇不测，另一方也并不会郁郁寡终，而是重新寻找配偶。所谓"形影不离""出双入对"都是有限的。完成交配后，雄鸟便抽身离开，寻找一个隐蔽、安全的地方，换掉这一身招摇的羽毛，并且不会参与后面孵卵和育雏的过程。雌鸟不仅要为孵卵而努力，等到雏鸟孵出后，还要担起养育子女的重任。不过，鸟类爱好者在多年的实际观察中发现情况并非完全如此。在雌鸟孵卵期间，也有雄鸟会守护在旁。待雏鸟出壳后，它们

鸳鸯。
学　　名：*Aix galericulata*
英文名称：Mandarin Duck
科　　属：鸭科 鸳鸯属
分布范围：除西藏、青海外，见于各省
保护级别：无危，国家二级保护野生动物

逐步减弱对家庭的守护，寻找地方换掉繁殖羽。当年秋季，鸳鸯便早早地开始了求偶，10月里已有部分伴侣成对活动，关系很紧密，双方都会驱赶其他个体，包括同性和异性（雌鸳鸯驱赶其他雄性追求者的情况更为突出）。直到第二年4—5月，雄鸟慢慢脱离家庭。这是一个漫长的过程，也难怪在古人眼里鸳鸯总是"形影不离""出双入对"。

其实，雌鸳鸯也不总是老老实实地自己孵卵。有时候，为了减少孵卵的压力，降低孵卵过程中的风险，它们会将卵产在其他鸳鸯的巢中，让别人帮自己养娃。这种行为被叫作种内巢寄生，可以有效降低亲代在繁殖过程中的能量消耗。

这幅鸳鸯图，是古尔德参照当时伦敦动物学会的首席画家约瑟夫·沃尔夫（Joseph Wolf）的一幅素描来绘制的。图中的模特来自伦敦动物学会的动物园内圈养的鸳鸯。在那时鸳鸯自然分布于东亚地区，想要在欧洲见到鸳鸯，甚至拥有一只活的鸳鸯并非易事。但鸳鸯的适应能力比较强，被引入欧洲后，也就在当地成功地繁殖了起来，成为人们喜闻乐见的一道风景线。

赤颈鸭。

学　　名：*Mareca penelope*　英文名称：Eurasian Wigeon
科　　属：鸭科 赤颈鸭属　分布范围：见于各省
保护级别：无危，"三有名录"

针尾鸭。

学　　名：*Anas acuta*　英文名称：Northern Pintail
科　　属：鸭科 鸭属　分布范围：见于各省
保护级别：无危，"三有名录"

绿头鸭。

学　　名: *Anas penelope*　英文名称: Eurasian Wigeon
科　　属: 鸭科 鸭属　分布范围: 见于各省
保护级别: 无危

绿翅鸭。

学　　名：*Anas crecca*　英文名称：Green-winged Teal
科　　属：鸭科 鸭属　分布范围：见于各省
保护级别：无危，"三有名录"

琵嘴鸭。

学　　名：*Spatula clypeata*　英文名称：Northern Shoveler
科　　属：鸭科 琵嘴鸭属　　分布范围：见于各省
保护级别：无危，"三有名录"

白眉鸭。

学　　名：*Spatula querquedula*　英文名称：Garganey
科　　属：鸭科 琵嘴鸭属　　分布范围：见于各省
保护级别：无危，"三有名录"

云石斑鸭。

学　　名：*Marmaronetta angustirostris*
英文名称：Marbled Teal
科　　属：鸭科 云石斑鸭属
分布范围：新疆
保护级别：易危，国家二级保护野生动物

赤嘴潜鸭。

学　　名：*Netta rufina*
英文名称：Red-crested Pochard
科　　属：鸭科 狭嘴潜鸭属
分布范围：北京、山东、河南、陕西、内蒙古、宁夏、
　　　　　甘肃、新疆、西藏、青海、云南、四川、重
　　　　　庆、贵州、湖北、安徽、福建、广西、台湾
保护级别：无危，"三有名录"

红头潜鸭。

学　　名：*Aythya ferina*
英文名称：Common Pochard
科　　属：鸭科 潜鸭属
分布范围：除海南外，见于各省
保护级别：易危，"三有名录"

白眼潜鸭。

学　　名：*Aythya nyroca*
英文名称：Ferruginous Duck
科　　属：鸭科 潜鸭属
分布范围：黑龙江、吉林、辽宁、北京、天津、
　　　　　河北、山东、山西、陕西、内蒙古、
　　　　　宁夏、甘肃、新疆、西藏、青海、云
　　　　　南、四川、重庆、贵州、湖北、湖
　　　　　南、江西、江苏、上海、浙江、福
　　　　　建、广东、香港、广西、台湾
保护级别：近危，"三有名录"

凤头潜鸭。

学　　名：*Aythya fuligula*
英文名称：Tufted Duck
科　　属：鸭科 潜属
分布范围：见于各省。
保护级别：无危，"三有名录"

斑背潜鸭。

学　　名：*Aythya marila*
英文名称：Greater Scaup
科　　属：鸭科 潜属
分布范围：黑龙江、吉林、辽宁、北京、天
　　　　　津、河北、山东、河南、内蒙古、
　　　　　宁夏、新疆、云南、四川、湖北、
　　　　　湖南、江西、江苏、上海、浙江、
　　　　　福建、广东、香港、广西、台湾
保护级别：无危，"三有名录"

小绒鸭。

学　　名：*Polysticta stelleri*
英文名称：Steller 's Eider
科　　属：鸭科 小绒鸭属
分布范围：黑龙江、河北、山东
保护级别：易危，"三有名录"

丑鸭。

学　　名：*Histrionicus histrionicus*
英文名称：Harlequin Duck
科　　属：鸭科 鸭属
分布范围：黑龙江、吉林、辽宁、
　　　　　北京、河北、山东、陕
　　　　　西、内蒙古、湖南
保护级别：无危，"三有名录"

斑脸海番鸭。

学　　名：*Melanitta fusca*
英文名称：Velvet Scoter
科　　属：鸭科 海番鸭属
分布范围：黑龙江、吉林、辽宁、北京、天
　　　　　津、河北、山东、河南、山西、
　　　　　陕西、内蒙古、宁夏、新疆、四
　　　　　川、湖北、湖南、江西、江苏、
　　　　　上海、浙江、福建、香港
保护级别：无危，"三有名录"

黑海番鸭。

学　　名：*Melanitta americana*
英文名称：Black Scoter
科　　属：鸭科 海番鸭属
分布范围：黑龙江、山东、重庆、江苏、
　　　　　上海、福建、广东、香港
保护级别：近危，"三有名录"

长尾鸭。
学　　名：*Clangula hyemalis*
英文名称：Long-tailed Duck
科　　属：鸭科 长尾鸭属
分布范围：黑龙江、吉林、辽宁、北京、
　　　　　天津、河北、山东、河南、
　　　　　山西、内蒙古、甘肃、新疆、
　　　　　四川、重庆、湖南、江苏、
　　　　　浙江、福建、广东
保护级别：易危，"三有名录"

鹊鸭。
学　　名：*Bucephala clangula*
英文名称：Common Goldeneye
科　　属：鸭科 鹊鸭属
分布范围：除海南外，见于各省
保护级别：无危，"三有名录"

红胸秋沙鸭。

学　　名: *Mergus serrator*
英文名称: Red-breasted Merganser
科　　属: 鸭科 秋沙鸭属
分布范围: 黑龙江、吉林、辽宁、北京、天津、河
　　　　　北、山东、陕西、内蒙古、甘肃、新疆、
　　　　　云南、四川、湖北、江西、江苏、上海、
　　　　　浙江、福建、广东、香港、广西、台湾
保护级别: 无危，"三有名录"

普通秋沙鸭。

学　　名：*Mergus merganser*
英文名称：Common Merganser
科　　属：鸭科 秋沙鸭属
分布范围：除西藏、香港、海南外，见于各省
保护级别：无危，"三有名录"

白头硬尾鸭。
学　　名: *Oxyura leucocephala*
英文名称: White-headed Duck
科　　属: 鸭科 硬尾鸭属
分布范围: 内蒙古、新疆、湖北
保护级别: 濒危, 国家一级保护野生动物

斑头秋沙鸭。
学　　名: *Mergellus albellus*
英文名称: Smew
科　　属: 鸭科 斑头秋沙鸭属
分布范围: 除海南外, 见于各省
保护级别: 无危, 国家二级保护野生动物

PODICIPEDIFORMES

䴙䴘目

● 分类现状

全世界䴙䴘（pì tī）科 1 科 6 属 20 种，中国分布 2 属 5 种。䴙䴘是地球上存在历史较为古老的水鸟，近来的研究表明它们与红鹳（guàn）目的亲缘关系密切。虽然化石证据还未揭示该类群具体的起源时间，但根据分子系统发育学证据，它们与红鹳应在 3300 万年甚至更远之前就已发生了分化。

● 分布情况

䴙䴘类广泛见于除南极洲之外的各大陆，适应于多种多样的淡水生境，但许多种类也在滨海环境越冬。我国已知分布的有五种：小䴙䴘、赤颈䴙䴘、凤头䴙䴘、角䴙䴘和黑颈䴙䴘，其中小䴙䴘和凤头䴙䴘分布最广也最为常见。

● 形态特征

䴙䴘类的翅短圆，尾羽极短，脚具瓣蹼，即每个趾的蹼各自独立而没有连在一起。多数种类不善飞行，少部分种类两翼退化而不能飞行（如秘鲁的短翅䴙䴘）。䴙䴘类在遭遇危险时，通常潜入水下避险。不同种䴙䴘的体型差异巨大，最大的大䴙䴘体长可达 77 厘米，体重达 1.6 千克；最小的侏䴙䴘体长仅约 22 厘米，体重仅 112 克。除体型之外，种间差异主要体现在喙型和羽色，喙型从短厚到长尖，羽色则以褐色、黑色、栗色或白色为主。䴙䴘的雌雄羽色相近，但不同季节的羽色会存在一定差异。

● 生态习性

䴙䴘类的腿位于身体后端，羽毛浓密具强疏水性，适应于潜水捕食生活。大型种类主要食鱼，小型种类以水生昆虫和甲壳类为食。䴙䴘还有着独特的食羽行为，即会规律性地啄食自己腹部和两胁的羽毛，在食鱼种类里这一行为更为明显。吞下的羽毛或许具有保护作用，能防止鱼刺等未消化部分刺伤胃肠道，并且也有利于形成食丸，吐出体外。䴙䴘还具有鸟类当中非常引人注目的求偶行为，求偶时雌雄双方共同完成潜水、摇头、踩水、互赠杂草等复杂而精彩的行为。配对形成之后，雌雄共同筑巢和繁

角鸊鷉。

学　　名：*Podiceps auritus Linnaeus*
英文名称：Horned Grebe
科　　属：鸊鷉科 小鸊鷉属
分布范围：黑龙江、辽宁、河北、河南、山东、陕西、内蒙古、新疆、
　　　　　四川、湖北、江西、上海、浙江、福建、香港、台湾
保护级别：易危，国家二级保护野生动物

育后代，它们会利用植物筑成漂在水面的浮巢。幼鸟为早成鸟，孵出后即离巢，此后很多时间会被亲鸟托在背上四处活动。

● **保护形势**

　　中国分布的赤颈鸊鷉、角鸊鷉和黑颈鸊鷉已被列为国家二级保护野生动物。鸊鷉目种类不多，面临的威胁却不小。近来已经有中美洲的巨鸊鷉、南美洲的哥伦比亚鸊鷉和马达加斯加的德氏小鸊鷉惨遭灭绝，另有南美洲阿根廷鸊鷉和不会飞的秘鲁鸊鷉种群现状被列为了极危。目前，三分之一的鸊鷉目种类生存正受到人为活动不同程度的影响，过度捕猎、环境污染、栖息地丧失和外来入侵物种等因素是它们当前生存所面临的主要威胁。

赤颈䴙䴘。

学　　名：*Podiceps grisegena*
英文名称：Red-necked Grebe
科　　属：䴙䴘科 䴙䴘属
分布范围：黑龙江、吉林、辽宁、北京、天津、河北、山东、内
　　　　　蒙古、甘肃、新疆、江西、浙江、福建、广东
保护级别：无危，国家二级保护野生动物

小䴙䴘。

学　　名：*Tachybaptus ruficollis*
英文名称：Little Grebe
科　　属：䴙䴘科 小䴙䴘属
分布范围：见于各省
保护级别：无危，"三有名录"

凤头䴙䴘。

学　　名: *Podiceps cristatus*
英文名称: Great Crested Grebe
科　　属: 䴙䴘科 䴙䴘属
分布范围: 除海南外，见于各省
保护级别: 无危，"三有名录"

COLUMBIFORMES

鸽形目

● 分类现状

　　全世界鸠鸽科1科46属326种，中国分布1科7属31种。已知最早的鸽形目化石发现于法国，出土于距今三千万年之前中新世地层，由此可见鸽形目已有相当久远的进化历史，而分子系统发育学证据则表明它们的起源可追溯至白垩纪。全基因组分析显示鸽形目与鹃形目的亲缘关系最为接近。过去，曾将沙鸡置于鸽形目，但它们在形态上的相似可能只是趋同进化的结果。

● 分布情况

　　除南极和北极外，几乎遍布世界各地。鸠鸽科是非雀形目里面种类第三多的科，在南美洲、澳洲和太平洋的热带岛屿具有较高的物种多样性。

● 形态特征

　　头小，体型差异较大，小型种类体长不过15厘米，但大型种类可达83厘米。嘴喙短，喙基柔软被以蜡膜，喙端常膨大。胸骨龙骨突很高且发达，所附着的发达飞行肌可占体重的31%—44%。颈短，跗跖短。尾羽较发达，尾脂腺裸出或退化。城市里常见的珠颈斑鸠颈侧为黑色，密布白色点斑，似"珍珠"点缀在颈部，故而得名。

● 生态习性

　　鸽形目的巢结构简单，多以数根树枝交错搭建而成。常常是由雄鸟收集巢材，雌鸟完成筑巢。大多数鸽形目种类每窝只产1—2枚卵，雏鸟为半晚成鸟，孵化时已长有稀疏的绒羽。雏鸟主要由双亲嗉囊分泌的"鸽乳"喂养长大，成长后期可以进食种子及果实。或许正是因为产生"鸽乳"育幼需要亲鸟很高的投入，使得鸽形目多为一雌一雄的单配制，彼此对配偶也较为忠诚。鸠鸽类的饮水方式与众不同，它们能将喙浸入水中通过食管的肌肉收缩，连续不断地饮水，而其他鸟类则是吸一口水，须将头抬起才能咽下。

● 保护形势

　　中国分布的鸽形目鸟类中，小鹃鸠被列

为国家一级保护野生动物，另有 16 种
被列为国家二级保护野生动物。据统
计自 17 世纪以来，已有 9 种鸽形目鸟
类灭绝。其中，旅鸽和渡渡鸟是近代
灭绝鸟类的著名代表，也是人类大规模
猎杀导致物种灭绝的典型案例。此外，
受栖息地丧失、人为引入捕食者和猎杀
的影响，三分之一的现生鸠鸽类的生存
正受到威胁，尤其岛屿上的特有种面临
的灭绝风险更大。

原鸽。
学　　名：*Columba livia*
英文名称：Rock Pigeon
科　　属：鸠鸽科 鸽属
分布范围：内蒙古、宁夏、甘肃、
　　　　　新疆、西藏、青海
保护级别：无危，"三有名录"

岩鸽。

学　　名：*Columba rupestris*
英文名称：Hill Pigeon
科　　属：鸠鸽科 鸽属
分布范围：黑龙江、吉林、辽宁、北京、天津、河
　　　　　北、山东、河南、山西、陕西、内蒙古、
　　　　　宁夏、甘肃、新疆、西藏、青海、云南、
　　　　　四川、重庆、贵州、湖北
保护级别：无危，"三有名录"

雪鸽。

学　　名：*Columba leuconota*
英文名称：Snow Pigeon
科　　属：鸠鸽科 鸽属
分布范围：甘肃、新疆、西藏、青海、云南、四川
保护级别：无危，"三有名录"

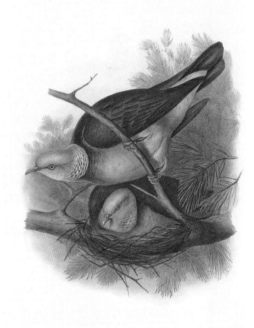

斑尾林鸽 。

学　　名：*Columba palumbus*
英文名称：Wood Pigeon
科　　属：鸠鸽科 鸽属
分布范围：新疆
保护级别：无危

灰林鸽 。

学　　名：*Columba pulchricollis*
英文名称：Ashy Wood Pigeon
科　　属：鸠鸽科 鸽属
分布范围：西藏、云南、台湾
保护级别：无危，"三有名录"

珠颈斑鸠 。

学　　名：*Spilopelia chinensis*
英文名称：Spotted Dove
科　　属：鸠鸽科 珠颈斑鸠鸽属
分布范围：北京、天津、河北、山东、河南、山西、陕西、内蒙古、宁夏、甘
　　　　　肃、青海、云南、四川、重庆、贵州、湖北、湖南、安徽、江西、江
　　　　　苏、上海、浙江、福建、广东、香港、澳门、广西、海南、台湾
保护级别：无危，"三有名录"

欧鸽。
学　　名：*Columba oenas*
英文名称：Stock Pigeon
科　　属：鸠鸽科 鸽属
分布范围：新疆、内蒙古
保护级别：无危，"三有名录"

PTEROCLIDIFORMES
沙鸡目

● **分类现状**

    全世界沙鸡科 1 科 2 属 16 种，中国分布 2 属 3 种：西藏毛腿沙鸡、毛腿沙鸡和黑腹沙鸡。虽然名字中有"鸡"，但它们与鸡形目的亲缘关系较远，而与鸽形目的关系较近。在临夏盆地发现的沙鸡化石出自中新世晚期地层，距今约 600 万至 900 万年，表明沙鸡至少在数百万年前就已进化出了适应干旱环境的能力。

● **分布情况**

    见于旧大陆亚洲和非洲干旱区的荒漠和草原。中国境内毛腿沙鸡的分布最广，西藏毛腿沙鸡为青藏高原特有种，主要分布于中国、印度和巴基斯坦，黑腹沙鸡在国内则仅见于新疆。

● **形态特征**

    沙鸡体型较小，头部和颈部形似鸽子，身形与松鸡类也有相似之处。体长 24 厘米至 40 厘米。羽色以褐色和灰色为主，雄鸟体型略大于雌鸟，同时雄鸟羽色也较为鲜艳。正常足，朝前的三趾宽大，后趾则已相当退化。毛腿沙鸡体色呈沙灰色，背部密被黑色横斑。头部锈黄色，腹部具一显著的黑斑。西藏毛腿沙鸡是体型最大的沙鸡，翼下覆羽和飞羽黑色，飞行之中十分醒目。

毛腿沙鸡 ○

学　名：*Syrrhaptes paradoxus*
英文名称：Pallas's Sandgrouse
科　属：沙鸡科 毛腿沙鸡属
分布范围：黑龙江、吉林、辽宁、河北、山东、山西、内蒙古、宁夏、甘肃、新疆、青海、四川、广西
保护级别：无危 『三有名录』

● **生态习性**

　　沙鸡羽色多为褐色或灰色，还带有明显的点斑和条纹，与其所处的干旱环境极为相似，具有出色的隐蔽性。它们主要取食植物种子，也会啄食嫩芽。沙鸡的两翼基部宽大，端部尖长，具有较强的飞行能力。腿短，行走较快，便于逃避天敌。脚趾宽大便于分摊体重，利于在沙上行走。沙鸡筑巢繁殖的地方往往远离水源地，最远可达90公里。成年雄性沙鸡的腹部羽毛，具有吸水和储水功能，便于从水源地将水带回巢内，哺育幼雏。每只成年沙鸡一次可运输15—20毫升水，这是沙鸡适应干旱区环境的重要对策之一。沙鸡的巢很简陋，为地面上的凹坑，里面几乎无任何

铺垫材。雌雄轮流孵卵。毛腿沙鸡主要栖息于干旱的荒漠和半荒漠地区，喜群居生活，为留鸟。体羽浓密厚实，浑身覆盖一层厚厚的绒毛，用以抵御沙漠地区较大的昼夜温差。喙基覆羽，以防止风沙吹进鼻孔。西藏毛腿沙鸡具有垂直迁徙的习性，冬季向低海拔地区移动。

● **保护形势**

　　中国3种沙鸡里，黑腹沙鸡已被列为国家二级保护野生动物。撞击高压输电线或风电设施可能导致沙鸡受伤甚至死亡。栖息地沙化也会使沙鸡在绿洲边缘的栖息地减少。繁殖地发生的偷捡鸟蛋以及乱捕滥猎，直接威胁种群繁殖率。

西藏毛腿沙鸡。

学　　名：*Syrrhaptes tibetanus*
英文名称：Tibetan Sandgrouse
科　　属：沙鸡科 毛腿沙鸡属
分布范围：新疆、西藏、青海、四川
保护级别：无危，"三有名录"

CAPRIMULGIFORMES
夜鹰目

● **分类现状**

　　全世界 8 科 152 属 581 种，物种多样性较高，其中数量最多的为蜂鸟科 106 属 347 种，其次为雨燕科 19 属 102 种，夜鹰科 20 属 96 种。中国分布有 4 科 9 属 22 种，分别是蛙口夜鹰科、夜鹰科、凤头雨燕科和雨燕科。夜鹰并不是真正的鹰，从亲缘关系角度它们与通常意义上的鹰类猛禽亲缘关系很远。在新的鸟类分类系统中，雨燕目并入了夜鹰目，蜂鸟目也合并进了夜鹰目。

● **分布情况**

　　种类最多的蜂鸟科，主要分布于拉丁美洲，南至火地岛，北至阿拉斯加。夜鹰科除南美洲南部、北美洲北部以及某些岛屿外，几乎遍布世界。蛙口夜鹰科主要分布于东南亚和大洋洲，雨燕科鸟类属世界广布种，几乎遍布全世界。凤头雨燕科主要分布于东南亚和新几内亚，基本不迁徙，我国分布的只有凤头雨燕。

● **形态特征**

　　头大而较平扁，嘴形扁短，基部宽阔，口裂甚大，翅狭长，跗跖短；蛙口夜鹰科和夜鹰科的鸟类口角处有粗长的嘴须，而雨燕科的鸟类嘴角无须。雨燕科鸟类尾形多样，大多呈叉尾，唾液腺相当发达。凤头雨燕科与雨燕科相似，但前额有竖立的羽冠。蜂鸟科喙细长而直，有的下曲，个别种类向上弯曲；舌伸缩自如；翅型狭长；尾尖，叉形或球拍形；跗跖短，趾细小而弱。

● **生态习性**

　　翅狭长，飞行速度快且敏捷。宽阔的

欧夜鹰。

学　　名：*Caprimulgus europaeus*。
英文名称：Eurasian Nightjar
科　　属：夜鹰科 夜鹰属
分布范围：新疆、甘肃、宁夏、内蒙古
保护级别：无危【二有名录】

喙，特别适于在飞行过程中捕食昆虫。夜鹰科的鸟类大多为昼伏夜出，体色以棕灰色为主，极似蹲伏的树枝或树桩背景颜色，与环境融为一体，堪称"伪装高手"。该科鸟类常单独活动，迁徙时呈小群。雨燕科鸟类脚短，不善行走，常常将巢筑在悬崖峭壁的岩石缝隙中，或民居的屋檐下。普通雨燕除了繁殖期，其他时间都在空中度过。凤头雨燕每巢只产一枚卵，雌鸟和雄鸟具有轮流换班哺育幼鸟的现象。大多数夜鹰目的雏鸟为晚成性。夜鹰目的某些种类，栖息于洞穴中，能够像蝙蝠一样用回声定位法探路。

● **保护形势**

　　中国分布的夜鹰目中，有 4 种为国家二级保护野生动物。随着城市化建设的发展，可供雨燕科鸟类栖息的繁殖地逐渐缩减，种群数量也在锐减，生存状况堪忧。另外，城市灯光可能刺激鸟类的内分泌和神经系统，使得性成熟提前。被人工灯光照亮的天空，对夜行性鸟类的干扰较大，甚至导致它们的生物钟紊乱，进而可能引发鸟类的觅食、繁殖等行为改变。

凤头雨燕

似燕非燕的飞行大师

雨燕类几乎遍布全世界，它们跟蜂鸟的亲缘关系最近，后者是古尔德先生十分钟爱的一个类群。凤头雨燕科的成鸟头部前额有能竖起的羽簇，形成凤头，故而得名。在所有的凤头雨燕科成员中，只有凤头雨燕这一种在我国境内有所分布，且分布范围狭窄，主要在云南西部和南部，以及西藏的东南部地区。

凤头雨燕整体羽色偏灰，雄鸟和雌鸟的外形相似，但雄鸟的脸颊为红色，雌鸟的脸颊为灰色，可以依此特征来区别二者。凤头雨燕的飞羽细长，呈镰刀状，当它停栖时，双翼收拢交叉突出在身后，形似剪刀。此外，它还拥有很长的尾羽，且尾羽往末端方向逐渐变细。这种尾羽被称为铗尾。凤头雨燕具有很强的飞行能力，常以小群在开阔的地面、森林上空或水面上飞翔、盘旋，在空中觅食。飞行时，它们双翼张开，动作敏捷，再加上铗尾的剪影，酷似一队正在执行空中任务的战机。

古尔德先生在描述凤头雨燕时说："目前，有关这种鸟的习性和行为方式的记录还很少。"这可能是少有人对它进行观察记录，或者即使有记录，受限于当时的传播条件，这些信息也没有得到很好的流通，但最根本的原因还是它的分布地狭窄、数量稀少。古尔德还记录道："在大英博物馆中，收集了来自印度、斯里兰卡和中国的标本。"凤头雨燕分布在印度、缅甸、马来西亚、斯里兰卡、中国等国家的热带和亚热带森林中。这个鸟种曾经被分立为 2 个种，后来重新合并为 1 个种，之后又分为了 6 个亚种，其中的 coronata 亚种分布在我国境内。当年在大英博物馆中收藏的来自中国的标本，应该就是凤头雨燕 coronata 亚种，由罗伯特·福琼（Robert Fortune）从中国采集而得。

凤头雨燕。
学　　名：*Hemiprocne coronata*
英文名称：Crested Treeswift
科　　属：凤头雨燕科 凤头雨燕属
分布范围：云南西南部
保护级别：无危，国家二级保护野生动物

　　虽然人们常常将雨燕和雀形目的燕混淆，但它们在翅膀形状、尾羽形状、脚爪结构、飞行习惯等方面，相差甚远。不过，凤头雨燕的某些特征被认为更接近于燕，而非雨燕。比如，凤头雨燕三趾朝前，后趾不能反转，因此可以抓握树枝，直立于支撑物上，这与燕的脚爪结构很相似；凤头雨燕的尾部分叉较深，有助于捕食和飞行，这与燕的燕尾形状相似。在古尔德先生所创作的这幅凤头雨燕图中，上述特征也被细致地描绘了出来。一雄一雌凤头雨燕稳稳地停栖在枝头上，并不像大多数雨燕一样除了筑巢繁殖时期之外几乎都在飞行，难怪它还被人们称为凤头树燕。

棕雨燕。

学　　名: *Cypsiurus balasiensis*
英文名称: Asian Palm Swift
科　　属: 雨燕科 棕雨燕属
分布范围: 云南、海南
保护级别: 无危，"三有名录"

普通雨燕。

学　　名: *Apus apus*
英文名称: Common Swift
科　　属: 雨燕科 雨燕属
分布范围: 黑龙江、吉林、辽宁、北京、天津、河北、山东、
　　　　　河南、山西、陕西、内蒙古、宁夏、甘肃、新疆、
　　　　　西藏、青海、四川、湖北、江苏
保护级别: 无危，"三有名录"

高山雨燕。

学　　名：*Tachymarptls melba*
英文名称：Alpine Swift
科　　属：雨燕科 高山雨燕属
分布范围：新疆、西藏
保护级别：无危

CUCULIFORMES

鹃形目

● **分类现状**

　　全世界有杜鹃科 1 科 36 属 154 种，中国分布有 1 科 9 属 20 种。 鹃形目鸟类已知的化石遗存很少，对于该目的演化起源至今仍了解不多。 陆栖性杜鹃被认为起源早于树栖性，为复系起源，即起源于多个最近共同祖先，而树栖性杜鹃则为单系起源。 杜鹃科鸟类与其他类群的系统发育关系还存在争议，最新的系统基因组学证据显示，有的认为杜鹃科和鸨科亲缘关系较近，有的则支持杜鹃科与蕉鹃科鸟类较近。

● **分布情况**

　　几乎遍布除南极洲之外的世界各地，适应的生境类型多样，涵盖开阔的稀树草原、荒漠草原以及热带雨林，多数杜鹃种类见于森林及林地环境。 中国分布的杜鹃种类随着纬度升高，呈现由南到北逐渐减少的趋势。常见的大杜鹃和四声杜鹃喜栖息于平原和低山地区，而中杜鹃和鹰鹃则选择栖息于海拔 800 至 1400 米的中山地区。

● **形态特征**

　　体长从 15 厘米到 63 厘米不等。 对趾足，适宜于攀缘及握持树枝。 喙较强状，嘴峰弯曲。 尾长，多呈圆尾型或凸尾型。 多数杜鹃羽色相对较暗淡，具有各种形式的斑纹和斑点，有些亚洲种类为带有金属光泽的紫色、翠绿色。

● **生态习性**

　　鹃形目为中小型攀禽，常单独活动，习性隐匿，往往只闻其声却不见其

影。约 40% 的鹃形目种类有巢寄
生的习性，它们会将卵产于其
他种类的鸟巢，由其他鸟代
行孵卵和育雏的职责。广
泛见于欧亚大陆的大杜鹃
是被研究得最为详细的
种间巢寄生鸟类，已知
有超过 125 种鸟类会被
大杜鹃利用作宿主。其
余的大部分鹃形目鸟类
是自己营巢、筑卵和育
雏。大多数鹃形目鸟
类主要取食昆虫等小型
无脊椎动物，有些种类
则主要以植物果实为食。
大杜鹃和四声杜鹃是中国
最为常见的鹃形目代表，
而除了两种鸦鹃之外，我国
分布的其他鹃形目鸟类都会巢寄
生其他鸟类。这其中，大杜鹃在国内
已知至少有 24 种寄主，东方大苇莺、荒漠
伯劳、白腹短翅鸲（qú）、灰喉鸦雀、北红尾鸲、
家燕等都是被其寄生的鸟类。

● **大鹰鹃草图**

● 保护形势

　　中国分布的 20 种鹃形目鸟类，褐翅鸦鹃和小鸦鹃已被列为国家二级保护野生动物。
研究表明，杜鹃类的多样性与鸟类多样性呈现出明显的正相关，它们能够作为生态环境的
指示物种。随着城市化的快速发展，以及人为活动加剧，鸟类的栖息地丧失以及破碎化，
导致鹃形目鸟类的繁殖地减少，种群数量出现下降。湿地的消退，特别是挺水植物的消
失，也使得杜鹃依赖的某些重要寄主，如东方大苇莺的繁殖地减少。

翠金鹃 。

学　　名：*Chrysococcyx maculatus*
英文名称：Asian Emerald Cuckoo
科　　属：杜鹃科 金鹃属
分布范围：云南、四川、重庆、贵州、湖北、
　　　　　湖南、广东、广西、海南
保护级别：无危，"三有名录"

大鹰鹃 。

学　　名：*Hierococcyx sparverioides*
英文名称：Large Hawk Cuckoo
科　　属：杜鹃科 鹰鹃属
分布范围：北京、河北、山东、河南、山西、
　　　　　陕西、内蒙古、甘肃、西藏、云
　　　　　南、四川、重庆、贵州、湖北、湖
　　　　　南、安徽、江西、江苏、上海、浙
　　　　　江、广东、香港、澳门、广西、海
　　　　　南、台湾
保护级别：无危，"三有名录"

北棕腹鹰鹃 。

学　　名：*Hierococcyx hyperythrus*
英文名称：Northern Hawk Cuckoo
科　　属：杜鹃科 鹰鹃属
分布范围：黑龙江、吉林、辽宁、北京、天
　　　　　津、河北、山东、安徽、江苏、上
　　　　　海、福建、广东、台湾
保护级别：无危

大自然中的生死博弈

大杜鹃

学　名：*Cuculus canorus* ●

英文名称：Common Cuckoo

科　属：杜鹃科 杜鹃属

分布范围：黑龙江、吉林、辽宁、北京、天津、河北、山东、河南、山西、陕西、宁夏、甘肃、新疆、西藏、青海、云南、四川、重庆、贵州、湖北、湖南、安徽、江苏、上海、浙江、福建、广东、澳门、广西、海南、台湾

保护级别：无危『三有名录』

　　大杜鹃具有迁徙习性，与绝大多数候鸟一样，它会随季节变化，到食物充足的地方繁殖或越冬。每到夏天，在我国大江南北常能听见它发出的"布谷、布谷"的熟悉叫声。

　　《本草纲目》中记载："鸤鸠不能为巢，居他巢生子。"这里的鸤鸠，应该就是我们今天所熟知的布谷鸟，即大杜鹃。"居他巢生子"描述的是大杜鹃自己不营巢也不孵卵的繁殖行为。繁殖季节里大杜鹃将自己的卵产在其他鸟的巢内，让寄主帮忙孵卵育雏。这种繁殖行为被称为巢寄生。

　　在鸟类当中，巢寄生并不是大杜鹃独有的行为，有些其他种类的鸟也会进行巢寄生。并且，巢寄生可能发生在同种个体之间，也可能发生在不同物种之间。不过，大杜鹃是目前已知100余种具有巢寄生行为的鸟类里面被研究得最为透彻，也可以说是最具有代表性的一种。它的寄主相当广泛，在我国就有超过20种已知的寄主，大多为雀形目的小型鸟类，比如东方大苇莺、黑眉苇莺、白鹡鸰（jí líng）、北红尾鸲等。

　　通常来说，大杜鹃雌鸟在产卵前就开始寻找合适的寄主。它倾向于寻找与自己栖息环境相似、繁殖时间与自己相近、寄主食性与自己雏鸟相同的鸟种。在选定寄主后，它会趁寄主离巢外出时，将卵产在寄主的巢内。产卵之前，大杜鹃往往会先移除一枚寄主的卵，然后以极快的速度完

成产卵。大杜鹃的卵在体内时已经开始提前发育，因此其雏鸟通常会比寄主的雏鸟先行孵出。孵化之后，大杜鹃的雏鸟会凭借本能，将巢中寄主的卵或雏鸟推出巢外，从而独享养父母的悉心照料，直至长大离巢。

古尔德先生利用画笔向我们精妙地展示了大杜鹃的巢寄生行为。背景中一只白鹡鸰正站在远比自己体型庞大的大杜鹃幼鸟身上饲喂后者；近景则有一只大杜鹃成鸟，看似是在站岗放哨。另一幅图中，一只鹨（liù）类成鸟站在巢边，巢内一只大杜鹃雏鸟正在将寄主的雏鸟推出巢去，而巢外已经有一只雏鸟遭遇了不幸。旁边的成鸟眼看自己的骨肉蒙难，却熟视无睹毫无作为。正因如此，大杜鹃看似奇异的巢寄生行为激发了一代又一代研究者的浓厚兴趣。

然而，自然界中没有绝对的王者，大杜鹃这样的巢寄生行为对寄主产生了强大的选择压力，自然也会引起寄主的强力反抗。比如，有的寄主在筑巢阶段就会努力驱赶潜在的寄生者，或是将巢筑在更加隐蔽的地方，不少寄主甚至演化出了识别寄生者卵的能力，可以排斥掉寄生卵或者干脆直接弃巢。梁伟等人（2013）的研究发现，在中国被大杜鹃寄生的家燕具有很强的卵识别能力，而在与大杜鹃协同演化的过程中，为避免遭到寄生，家燕选择利用人类居住的房屋筑巢繁殖。张海旺（2018）也发现，北红尾鸲为了避免被寄生，选择在大杜鹃不喜欢的人类居住环境中筑巢，且将自己的繁殖时间调整到了大杜鹃迁徙到来之前。

巢寄生所涉及的寄生与反寄生行为，堪称"魔高一尺道高一丈"的"军备竞赛"，是研究协同演化的理想对象，而在这场关乎生死的博弈中，谁输谁赢对大自然来说都自有意义。

● 大杜鹃幼鸟

OTIDIFORMES
鸨形目

波斑鸨 ○

学　名：*Chlamydotis macqueenii*
英文名称：Macqueen's Bustard
科　属：鸨科　波斑鸨属
分布范围：新疆、内蒙古
保护级别：易危　国家一级保护野生动物

分类现状

全世界有鸨科 1 科 12 属 26 种，中国分布有 1 科 3 属 3 种，分别为大鸨、小鸨和波斑鸨。现有证据表明鸨起源于 3000 万年前的非洲，过去常被归入鹤形目，但近年来通过分子系统发育学证据已经将其独立成目。近来根据基因组数据构建的进化树，鸨类与蕉鹃及杜鹃聚在了一起，表明鸨形目和鹃形目亲缘关系较近。关于鸨类起源中心目前主要有两个假说：非洲起源说和欧亚 / 印度—澳大利亚假说。

分布情况

鸨形目成员广泛见于旧大陆，以非洲的种类最多，达 19 种，在南北美洲及南极洲则没有分布。我国分布的 3 种鸨里面，波斑鸨仅见于新疆、内蒙古和甘肃；小鸨则分布于宁夏、甘肃、新疆和青海，偶见于四川；大鸨在黄河以北的 14 个省市均有分布。

形态特征

鸨为大中型陆禽，其中大鸨、灰颈鸨被誉为当今世界上具备飞行能力的最重的鸟类，成年雄鸟体重可接近 20 千克，但是最小的鸨体重仅约 600 克。大多数鸨类在体型上存在着明显的性二型，通常雄鸟会比雌鸟大 30%，雄鸟有时的体重甚至可达雌鸟的 2 倍之多，但孟加拉鸨却是雌鸟比雄鸟更大、更重。鸨足为三趾，腿长，适应奔跑；上体羽毛颜色多偏黄色，常具有深色斑纹，利于隐蔽。

● **生态习性**

　　鸨类主要栖息于干旱和半干旱的开阔草原，为荒漠草原生态系统的代表性物种。食性杂，包括植物种子、果实、昆虫等。通常一边行走，一边觅食，警惕性很高，遭遇危险时可立刻飞走，但起飞前一般需要助跑，对于体重大的鸨类更是如此。繁殖期，大多数存在明显的求偶炫耀行为。繁殖期时雄鸨在求偶场内进行求偶炫耀，雄鸨之间存在明显的种内斗争。鸨类都在地面筑巢，由雌鸨孵卵并抚育后代，遇到干扰时往往会弃巢，导致繁殖失败，雄鸨则在交配后便完成了繁殖任务。大部分鸨类为留鸟，但在温带及寒带繁殖栖息的物种，存在明显的迁徙行为，通常集群迁徙至温暖的中低纬度地区越冬。

● **保护形势**

　　中国分布的 3 种鸨均被列为了国家一级保护野生动物。据 2020 年的国际自然保护联盟（IUCN）《濒临物种红色名录》，鸨形目受胁状况被评估作极危的有 2 种，濒危 2 种，易危 4 种，近危 7 种，无危 11 种，受胁物种占比高达 57.7%。当前该类群的保护形势非常严峻，栖息地破坏、滥捕滥猎、繁殖期的干扰导致的繁殖失败、撞击电线等，是造成该类群数量降低和栖息范围缩减的重要因素。

大　鸨
候鸟中的大"胖子"

大鸨是典型的草原鸟类，曾经广泛分布于我国北方的草原地区。《毛诗传笺通释卷十一·鸨羽》中记载"鸨之性，不树止"，说的是大鸨不在树上栖息的习性。作为现生鸟类中最重的飞行鸟类之一，大鸨常常在地面活动，寻找草地上的植物、昆虫等食物。如果遇到危险，它首先选择在地面飞奔逃跑，实在需要飞行时，通常要在地面上助跑几步才能起飞。虽然情况紧急时，大鸨也能直接起飞，但飞行高度一般不会太高。或许正因如此，人们也称它为地鵏。不过，虽然飞得不高，大鸨却拥有不错的飞行能力，每年都需要在繁殖地和越冬地之间来回飞行上千公里。

一只成年雄性大鸨的体重可达 10 千克以上，差不多是一只羊羔的重量。再加上雄鸟在颏两侧长有白色的"胡须"，因此，在北方地区，人们也称大鸨为羊须鸨。大鸨雌鸟羽色与雄鸟相似，但体形至少要小上一倍。虽然我国古人在 2000 多年前就对大鸨有了记录，但因为观察不足，产生了很多误解。比如，古人称大鸨为"百鸟之妻"，认为大鸨只有雌性，且雌鸟淫乱无度，可以与其他各种鸟类交配。造成这种误解的一个原因可能是，大鸨育雏几乎完全由雌鸟来完成，雄鸟在交配完后便离去，因而古人也就常见到雌鸟独自带着儿女生活的场景。

大鸨。

学　　名：*Otis tarda*
英文名称：Great Bustard
科　　属：鸨科 鸨属
分布范围：黑龙江、吉林、辽宁、北京、天津、
　　　　　山东、河北、河南、山西、陕西、内
　　　　　蒙古、宁夏、甘肃、青海、四川、贵
　　　　　州、湖北、安徽、江西、江苏、上海
保护级别：易危，国家一级保护野生动物

实际上，大鸨喜欢集群活动，少则两三只一群，多则三五十只一群，有雄有雌，但它们不喜欢与其他鸟类混群，特别是在繁殖季节的时候。鸨群中一般会有一只地位较高的成员负责警戒，一旦发现危险，它便发出低沉而音节简单的警告声。

大鸨在全球的野生种群数量仅约 60,000 只。我国境内有在新疆北部繁殖指名亚种，和在内蒙古东部、吉林西部、黑龙江西南部繁殖，分布仅限于东亚的 *O.t.dybowskii* 亚种，总数仅 4000 只左右。是什么原因让曾经遍布欧亚草原的大鸨变成了濒危动物？盗猎、栖息地减少、人类活动干扰等，是如今我们在面对任何一个濒危物种时都无法回避的问题。

画面中，近景有两只幼鸟和正在育幼的雌鸟，可以看出大鸨一般把巢筑在草地上；中景有一只雄鸟竖起尾羽，正在求偶炫耀。古尔德先生对大鸨行为特征的把握十分准确。

小鸨。

学　　名：Tetrax tetrax
英文名称：Little Bustard
科　　属：鸨科 小鸨属
分布范围：宁夏、甘肃、新疆、四川
保护级别：近危 国家一级保护野生动物

GRUIFORMES

鹤形目

● **分类现状**

    全世界 5 科 47 属 174 种，中国分布有鹤科 1 属 9 种，秧鸡科 12 属 20 种。传统分类将鸨类归于鹤形目，最新的分子系统发育学证据显示，鸨类应从鹤形目分离。传统上的秧鸡科是并系群，因为该科秧鸡属的物种实际与日鳽科的亲缘关系更近，二者可能具有共同的祖先。鹤科与秧鹤科互为姊妹群。鹤形目有着比较古老的进化历史，可能起源于 7500 万年前的白垩纪。第四纪冰期对于鹤形目鸟类的分布格局和进化有着重要影响。

● **分布情况**

    鹤科分布于除南极和南美洲以外的各大陆，主要分布在较温暖的中低纬度地区，以东亚的种类最多。秧鹤科则分布于美国东南部至阿根廷北部。秧鸡科的分布遍及全球。日鳽科在美洲、非洲和东南亚各分布有 1 种。灰鹤是我国最为常见的鹤类，黑水鸡和白骨顶则是国内最常见的秧鸡科成员。

● **形态特征**

    鹤形目鸟类的喙、颈、腿均较长，脚趾细长，后趾不发达或完全退化。胫下部裸出，趾间一般无蹼。鹤类的鸣管发达，叫声响亮。它们不具严格意义上的嗉囊，盲肠异常发达。实际上鹭科、鹳科和鹤科均为典型的涉禽，虽亲缘关系较远，但在适应涉水捕食方面，由于长期的自然选择过程，进化出了相似的形态结构。不过，鹭科和鹳科鸟类四趾均位于同一平面，可对握树枝，因此能够树栖。另外，鹤科和鹳科鸟类在飞行时，头、颈向前伸展，位于同一直线，而鹭科鸟类的头颈缩于肩部，呈"S"形。秧鸡科鸟类，翅膀短、圆、钝，不善飞行，擅于隐蔽，性胆怯。

● 生态习性

鹤形目鸟类为典型的涉禽，喜栖于沼泽湿地或湿润草原，取食植物嫩芽、根茎、种子，在繁殖期则会以小型脊椎动物、水生动物为主食。秧鸡科鸟类喜食螺类。繁殖期常伴有复杂的求偶炫耀行为，两性共同筑巢和育幼。鹤形目多筑巢于水草丛中或草地表面，一些生活于热带雨林中的种类在树上筑巢，还有一些能在树洞中营巢。秧鸡科鸟类常在农田的秧苗间奔走觅食。雏鸟为早成鸟。我国分布的鹤类，大多在长江以南越冬。

普通秧鸡。
学　　名: *Rallus indicus*
英文名称: Brown-cheeked Rail
科　　属: 秧鸡科 秧鸡属
分布范围: 除西藏、海南外，见于各省
保护级别: 无危，"三有名录"

● 保护形式

据2020年国际自然保护联盟（IUCN）《濒临物种红色名录》，现生15种鹤类里就有11种的生存正受到威胁，其中白鹤被评估作极危，3种濒危，7种易危。中国现有分布的9种鹤，白鹤、白枕鹤、丹顶鹤、白头鹤与黑颈鹤被列为国家一级保护野生动物，沙丘鹤、蓑羽鹤和灰鹤被列为国家二级保护野生动物。6种秧鸡科成员被列为国家二级保护野生动物。鹤类越冬存在严重依赖于农田的倾向，提示自然栖息地不足以满足其种群越冬需求。全球95%以上的白鹤都在鄱阳湖地区越冬，任何改变鄱阳湖与长江自然流通现状的行为都会对该种的存续造成严重威胁。人类兴建的水利设施、农业开发导致的湿地丧失、鹤类贸易、气候变化等因素均是威胁鹤类生存和繁衍的重要因素。

小田鸡 ⊕

学　　名：*Zapornia pusilla*
英文名称：Baillon's Crake
科　　属：秧鸡科 姬田鸡属
分布范围：除西藏、海南外，见于各省
保护级别：无危，"三有名录"

长脚秧鸡 。

学　　名：*Crex crex*
英文名称：Corn Crake
科　　属：秧鸡科 长脚秧鸡属
分布范围：新疆、西藏、云南
保护级别：无危，国家二级保护野生动物

斑胸田鸡 。

学　　名：*Porzana porzana*
英文名称：Spotted Crake
科　　属：秧鸡科 田鸡属
分布范围：新疆、台湾
保护级别：无危，"三有名录"

白胸苦恶鸟。

学　　名：*Amaurornis phoenicurus*
英文名称：White-breasted Waterhen
科　　属：秧鸡科 苦恶鸟属
分布范围：黑龙江、吉林、北京、天津、河北、山东、河南、山西、陕西、宁夏、甘肃、新疆、
　　　　　西藏、青海、云南、四川、重庆、贵州、湖北、湖南、安徽、江西、江苏、上海、
　　　　　浙江、福建、广东、香港、澳门、广西、海南、台湾
保护级别：无危，"三有名录"

黑水鸡。

学　　名：*Gallinula chloropus*
英文名称：Common Moorhen
科　　属：秧鸡科 黑水鸡属
分布范围：见于各省
保护级别：无危，"三有名录"

白鹤 ◦

学　　名：*Grus leucogeranus*
英文名称：Siberian Crane
科　　属：鹤科 鹤属
分布范围：黑龙江、吉林、辽宁、天津、山东、河北、河南、内蒙古、新疆、青海、云南、湖北、湖南、江西、江苏、上海、浙江
保护级别：极危 国家一级保护野生动物

灰　鹤

欧亚大陆上的"常旅客"

　　鹤是一种古老的动物，6000 万年前就已经生活在了我们这个星球上，比人类的历史长太多了。我国古人对鹤的认识很早。西晋《古今注·鸟兽》中记载："鹤千岁则变苍，又二千岁变黑，所谓玄鹤也。"1000 多年前，古人认为鹤会随着年龄的增长而改变羽毛的颜色，白色的鹤变成灰色的鹤，然后变为黑色的鹤。到了明代，在《本草纲目》中记录有："鹤有玄有黄，有白有苍。"400 多年前，古人已经意识到，不是鹤在不同年龄阶段会改变羽毛的颜色，而是这世上本就有各种颜色的鹤，有黑的有黄的，有白的有灰的。这与现代生物学的认识很相近了。

　　地质历史上，曾有过 30 多种鹤。它们习惯生活在温带。200 多万年前，第四纪冰期的到来让不少种类因失去栖息地和食物、气候寒冷等原因而遭到了灭绝。目前，全球现生有 15 种鹤，在我国境内曾分布着 9 种。它们是一类体形较大的涉禽，羽色深浅有差异，但都有着长喙、长颈、长脚的共同特征，喜欢生活在沼泽、浅滩等湿地环境中。

　　这其中灰鹤即是古人口中"千年变色"的玄鹤，也有千岁鹤之称。它们全身羽色以灰色为主，局部有黑、白等颜色的羽毛，在头顶冠部位置因皮肤裸露、没有羽毛覆盖而呈红色。灰鹤与其他鹤类相区别的最显著的外形特征之一，是它们的眼睛后面有一条延伸至后枕部的白色条纹。

　　灰鹤是候鸟，会迁徙，能适应多种生境，是世界上分布地区最为广泛的一种鹤。在我国它们主要到北方的新疆、内蒙古、黑龙江等地繁殖，到南方的江西、江浙一带、云贵高原等地越冬。

　　正如古尔德先生这幅灰鹤图展示的一样，它们通常栖息于开阔的草地、沼泽、河滩等地，集群活动，几只到几十只不等，在越冬地甚至会有成百上千只一起活动。灰鹤生性机敏，集体活动时，鹤群中有专门的"哨兵"放哨或者轮流放哨。一旦发现危险情况，"哨兵"便会发出长鸣的警报声，振翅高飞，以引起同伴的注意。其他成员接收到报警信号后，随即长鸣、高飞，在空中盘旋或是飞离危险地带。在越冬地，鹤群一般集中在一个地方过夜，而白天则分散成小群觅食。集群过夜可以保存热量、及时发现危险，而分小群觅食可以减少竞争、更好地利用资源。这样集群生活的社会性行为可以有效地降低个体遭遇危险的概率，提高群体的成活率。

在画面中，有的灰鹤在觅食，有的在理羽，有的站立休息，有的在游走活动，还有的在警戒观察。古尔德将灰鹤的行为描绘得惟妙惟肖，一方面展示出其作为一个鸟类学家和艺术家极其细致的观察力，另一方面也说明灰鹤的分布广泛，容易观察到。

灰鹤。

学　　名：Grus grus
英文名称：Common Crane
科　　属：鹤科 鹤属
分布范围：见于各省
保护级别：无危；国家二级保护野生动物

蓑羽鹤
飞越喜马拉雅的勇者

在鹤家族现生的 15 个成员中，蓑羽鹤算是体型最为娇小的一个。它的头部和颈部羽毛呈黑色，前颈的黑色羽毛延长呈蓑衣状。《宋书·五行志》中记载："雍熙四年（公元 987 年）十月，知润州程文庆献鹤，颈毛如垂缨。"这里提到的便是蓑羽鹤，其中"垂缨"指古人朝服上下垂的冠带。除此之外，蓑羽鹤的眼部后端还生有白色的耳羽簇，形若流苏，一直延伸到后颈，使蓑羽鹤看上去飘逸又优雅。蓑羽鹤的英文名 Demoiselle Crane 是由法国王后玛丽·安托瓦内特（Marie Antoinette）在第一次见到它的时候给取的。demoiselle 意为少女、待字闺中的女子，因此蓑羽鹤又被称为闺秀鹤，有宛如大家闺秀、娴雅温柔之意。

然而，蓑羽鹤的真实生活并不像其名字那样"流风回雪"，也不像闺中小姐一样安闲自得。生活在我国境内的蓑羽鹤每年都要在繁殖地和南亚越冬地之间往复迁徙。而它的这条迁徙之路，困难重重、艰险无比。每年夏季，蓑羽鹤在我国东北、西北、内蒙古西部等地繁殖；到了秋冬季节，则要南下穿过我国最大的沙漠——塔克拉玛干沙漠，然后一部分到我国西藏南部越冬，一部分则要飞越喜马拉雅山脉到南亚越冬。飞越喜马拉雅山脉非常不容易，一方面穿过沙漠已经消耗了它们大量的体力，另一方面喜马拉雅山脉高山众多，它们还偏偏"喜欢"挑战最高的那一座——珠穆朗玛峰（这是到达南亚最近的路线）。恶劣的天气、高海拔的飞行、天敌的威胁，使每年能成功翻越喜马拉雅山脉的蓑羽鹤不到总数的 80%。春天，它们会再次启程越过

喜马拉雅山脉回到繁殖地。一年两次不畏艰险翻越高山的坚韧，与它们平时的娴静优雅形成强烈的对比。

蓑羽鹤性格机警，不与家族中其他成员混群活动。繁殖时它们也不筑巢，直接将卵产在干燥的裸露的草地上，产卵数量不多，通常1年繁殖1次，每次产1—3枚卵。

有意思的是，古尔德先生在200年前认定非洲才是鹤类真正的自然栖息地，尤其非洲北部地区是蓑羽鹤的重要栖息地。他根据英国鸟类学家约翰·莱瑟姆（John Latham）的描述——蓑羽鹤在非洲的地中海沿岸、黑海和里海的南部平原上有所分布，便推测蓑羽鹤能凭借卓越的飞行能力飞越地中海，从非洲到达欧洲大陆，于是将蓑羽鹤划入了欧洲的动物区系，收录在了自己于1832年至1837年间出版完成的《欧洲鸟类》中。实际上，目前蓑羽鹤主要分布于非洲的埃及、苏丹、埃塞俄比亚、乍得等国，以及整个亚洲地区，而在欧洲蓑羽鹤主要以迷鸟（偏离自身迁徙路线的候鸟）的形式出现。由于蓑羽鹤种群的衰退，生活在非洲北部的种群正面临着灭绝的威胁。此外，如今根据化石证据研究结果表明，鹤类事实上起源于西半球，然后再扩展到了亚洲、非洲和澳洲。

图中描绘的是一只蓑羽鹤成鸟。

蓑羽鹤 ⚫

学　　名：Grus virgo
英文名称：Demoiselle Crane
科　　属：鹤科 鹤属
分布范围：黑龙江、吉林、辽宁、北京、天津、山东、河南、陕西、内蒙古、宁夏、甘肃、新疆、西藏、青海、云南、四川、湖北、江西、台湾
保护级别：无危·国家二级保护野生动物

CHARADRIIFORMES

鸻形目

● 分类现状

全世界有 19 科 83 属 173 种, 中国分布 13 科 51 属 135 种。 鸻(héng)形目的进化历史相当久远, 在早第三纪中期就发现了比较完整的鸻形目化石, 据估计今天的鸻形目种类最早于 3500 至 3000 万年前就已出现。当前主要分为三个类群:海雀类、鸻鹬类和鸥类。

● 分布情况

鸻形目物种繁多, 广泛分布于全球, 绝大多数种类跟湿地环境有着紧密联系, 但有时也能在森林和沙漠中出现。 海雀类分布在北半球近海的寒冷水域, 鸻鹬(yù)类则主要分布在沿海滩涂及淡水环境, 鸥类则见于各个大陆。 我国各省均有鸻形目成员分布。

● 形态特征

鸻形目成员的形态变化多样, 包含小至中大型的涉禽和游禽。海雀类体型小至中型, 体长 15 厘米—45 厘米, 体重 85 克—1 千克;体羽背部多黑色, 腹部多白色, 而与企鹅相似;翅较短, 在陆地上的活动能力不太强;现生的海雀类兼具飞行和潜水能力, 被誉为潜水本领最强的飞鸟, 但体型比最小的企鹅还小。 鸻鹬类属典型的涉禽, 喙长、腿长、颈长, 体型小至大型, 最小的是小滨鹬, 其成鸟仅长约 13 厘米, 重 17 克—44 克;最大的是大杓鹬, 体长可达 66 厘米, 体重最大为 1.4 千克。 行为和喙的形态是在野外识别鸻鹬类的重要特征, 通过观察其觅食时的行为、喙的形状和长短可以很好地区分绝大部分种。 鸥类的体型大小不一, 体长 20 厘米—78 厘米, 体羽多为白色, 在翅或头部多有黑斑;翅长, 飞行能力很强, 个别种类为叉尾、楔尾, 或尾羽及其延长, 其余则多为圆尾。

● 生态习性

鸻形目主要以软体动物、甲壳动物、昆虫及鱼类为食, 也有部分种类取食植物种子和果实。海雀类的成鸟大部分时间都在海上度过, 只在繁殖时上岸, 为典型的一夫一妻制并偏向于终身配偶制, 对筑巢位置有着较强的忠实性。 体型较大的海雀会捕鱼来喂食

● 青脚鹬草图

自己的雏鸟，这样效率更高，但它们自己却更多捕食甲壳动物。体型较小的海雀取食浮游生物，它们用特化的喉囊存储食物以带回巢去育雏。鸻鹬类通常在沿海泥质及沙质滩涂觅食，分布在寒带及温带地区的种类多为候鸟，每年常要迁徙数千乃至上万公里往返于繁殖地和越冬地之间。分布于热带地区的种类多为留鸟。鸻鹬类常具有较明显的性二型，雌雄差别主要体现在体型、喙形和羽色等方面。鸻鹬类喙长度的差异，不仅使得同种的雌雄之间可以在食物资源利用上存有差异，更重要的是不同物种之间由于取食不同的食物也能得以共存。鸥类多生活在水边，多数种类见于海滨，有些鸥类已经非常适应人居环境的生活，常出现在城镇之中。鸥及贼鸥为杂食的机会主义者，尤其贼鸥以劫掠其他鸟类的食物而著称，燕鸥和剪嘴鸥则主要以小型鱼类为食。鸥、燕鸥和剪嘴鸥集群营巢，贼鸥则单独营巢。多数鸥类为一雄一雌的单配制，通常配偶关系会延续数年。鸥类的飞行能力较强，多数种类具有迁徙习性。

● **保护形势**

　　中国分布的鸻形目鸟类，6种被列为国家一级保护野生动物：河燕鸥、中华凤头燕鸥、遗鸥、黑嘴鸥、勺嘴鹬、小青脚鹬。另有19种被列为国家二级保护野生动物。分类上隶属鸻形目的大海雀是最为著名的灭绝物种之一，由于遭受了人类没有任何节制的大肆捕杀，于19世纪中期绝灭。今天，同属鸻形目的勺嘴鹬和中华凤头燕鸥仍是世界上种群数量最少的鸟类之一，人类活动引起的滨海湿地丧失、湿地退化、污染等因素依然威胁着许多鸻形目种类的生存。

石鸻。

学　　名：*Burhinus oedicnemus*

英文名称：Eurasian Thick-knee

科　　属：石鸻科 石鸻属

分布范围：新疆、西藏、广东

保护级别：无危，"三有名录"

大石鸻。

学　　名：*Esacus recurvirostris*

英文名称：Great Thick-knee

科　　属：石鸻科 大石鸻属

分布范围：海南、云南

保护级别：近危，国家二级保护野生动物

蛎鹬。

学　　名: *Haematopus ostralegus*
英文名称: Eurasian Oystercatcher
科　　属: 蛎鹬科 蛎鹬属
分布范围: 黑龙江、吉林、辽宁、河北、北京、天津、山东、内蒙古、新疆、西藏、
　　　　　湖北、江西、江苏、上海、浙江、福建、广东、香港、广西、台湾
保护级别: 近危，"三有名录"

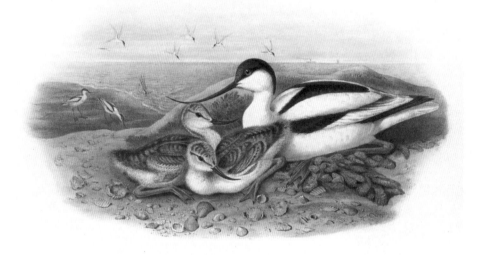

鹮嘴鹬。

学　　名：*Ibidorhyncha struthersii*
英文名称：Ibisbill
科　　属：鹮嘴鹬科 鹮嘴鹬属
分布范围：黑龙江、辽宁、北京、天津、河北、河南、山西、陕西、内蒙古、
　　　　　宁夏、甘肃、新疆、西藏、青海、云南、四川、重庆、湖北
保护级别：无危，国家二级保护野生动物

反嘴鹬。

学　　名：*Recurvirostra avocetta*
英文名称：Pied Avocet
科　　属：反嘴鹬科 反嘴鹬属
分布范围：除海南外，见于各省
保护级别：无危，"三有名录"

金鸻

金鸻繁殖羽 ● 金鸻非繁殖羽 ●

学　　名：*Pluvialis fulva*
英文名称：Pacific Golden Plover
科　　属：鸻科 斑鸻属
分布范围：见于各省
保护级别：无危，"三有名录"

灰鸻

灰鸻繁殖羽 ● 灰鸻非繁殖羽 ●

学　　名：*Pluvialis squatarola*
英文名称：Grey Plover
科　　属：鸻科 斑鸻属
分布范围：见于各省
保护级别：无危，"三有名录"

剑鸻。
学　　名：*Charadrius hiaticula*
英文名称：Common Ringed Plover
科　　属：鸻科 鸻属
分布范围：黑龙江、北京、河北、内蒙古、新疆、西藏、
　　　　　青海、上海、江西、广东、香港、广西、台湾
保护级别：无危，"三有名录"

金眶鸻

学　　名: *Charadrius dubius*　英文名称: Little Ringed Plover
科　　属: 鸻科 鸻属　分布范围: 见于各省
保护级别: 无危, "三有名录"

环颈鸻

学　　名: *Charadrius alexandrinus*　英文名称: Kentish Plover
科　　属: 鸻科 鸻属
分布范围: 黑龙江、吉林、辽宁、北京、天津、河北、山东、河南、
　　　　　山西、陕西、内蒙古、宁夏、甘肃、新疆、西藏、青海、
　　　　　云南、四川、贵州、湖北、湖南、安徽、江西、江苏、上
　　　　　海、浙江、福建、广东、香港、澳门、广西、海南、台湾
保护级别: 无危, "三有名录"

东方鸻

学　　名: *Charadrius veredus*　英文名称: Oriental Plover
科　　属: 鸻科 鸻属
分布范围: 除宁夏、新疆、云南外, 见于各省
保护级别: 无危, "三有名录"

小嘴鸻

学　　名: *Eudromias morinellus*　英文名称: Eurasian Dotterel
科　　属: 鸻科 小嘴鸻属
分布范围: 黑龙江、内蒙古、新疆、江苏
保护级别: 无危, "三有名录"

彩鹬。

学　　名：*Rostratula benghalensis*
英文名称：Greater Painted Snipe
科　　属：彩鹬科 彩鹬属
分布范围：除黑龙江、宁夏、新疆外，见于各省
保护级别：无危，"三有名录"

水雉。

学　　名：*Hydrophasianus chirurgus*
英文名称：Pheasant-tailed Jacana
科　　属：水雉科 水雉属
分布范围：北京、天津、河北、山东、河南、山西、
　　　　　陕西、云南、四川、湖北、湖南、安徽、
　　　　　江西、江苏、上海、浙江、福建、广东、
　　　　　香港、澳门、广西、海南、台湾
保护级别：无危，国家二级保护野生动物

扇尾沙锥。
学　　名：*Gallinago gallinago*
英文名称：Common Snipe
科　　属：鹬科 沙锥属
分布范围：见于各省
保护级别：无危，"三有名录"

大沙锥。
学　　名：*Gallinago megala*
英文名称：Swinhoe's Snipe
科　　属：鹬科 沙锥属
分布范围：见于各省
保护级别：无危，"三有名录"

黑尾塍（chéng）鹬。

学　　名：*Limosa limosa*　英文名称：Black-tailed Godwit
科　　属：鹬科 塍鹬属
分布范围：见于各省
保护级别：近危，"三有名录"

斑尾塍鹬。

学　　名：*Limosa lapponica*　英文名称：Bar-tailed Godwit
科　　属：鹬科 塍鹬属
分布范围：黑龙江、辽宁、北京、天津、河北、山东、内蒙古、云南、四川、江西、江苏、上海、浙江、福建、广东、香港、澳门、广西、海南、台湾
保护级别：近危，"三有名录"

中杓（sháo）鹬。
学　　名：*Numenius phaesopus*
英文名称：Whimbrel
科　　属：鹬科 杓鹬属
分布范围：见于各省
保护级别：无危，"三有名录"

白腰杓鹬。
学　　名：*Numenius arquata*
英文名称：Eurasian Curlew
科　　属：鹬科 杓鹬属
分布范围：除贵州外，见于各省
保护级别：近危，国家二级保护野生动物

大杓鹬。
学　　名：*Numenius madagascariensis*
英文名称：Eastern Curlew
科　　属：鹬科 杓鹬属
分布范围：除新疆、西藏、云南、贵州外，见于各省
保护级别：濒危，国家二级保护野生动物

鹤鹬。
学　　名：*Tringa erythropus*
英文名称：Spotted Redshank
科　　属：鹬科 鹬属
分布范围：见于各省
保护级别：无危，"三有名录"

红脚鹬。

学　　名：*Tringa totanus*
英文名称：Common Redshank
科　　属：鹬科 鹬属
分布范围：黑龙江、吉林、辽宁、北京、天津、河北、山东、河南、陕西、内蒙古、宁夏、甘肃、新疆、西藏、青海、云南、四川、湖北、湖南、江西、江苏、上海、浙江、福建、广东、香港、澳门、广西、海南、台湾
保护级别：无危，"三有名录"

青脚鹬。

学　　名：*Tringa nebularia*
英文名称：Common Greenshank
科　　属：鹬科 鹬属
分布范围：见于各省
保护级别：无危，"三有名录"

白腰草鹬。
学　　名：*Tringa ochropus*
英文名称：Green Sandpiper
科　　属：鹬科 鹬属
分布范围：见于各省
保护级别：无危，"三有名录"

林鹬。

学　　名：*Tringa glareola*
英文名称：Wood Sandpiper
科　　属：鹬科 鹬属
分布范围：见于各省
保护级别：无危，"三有名录"

矶鹬。

学　　名：*Actitis hypoleucos*
英文名称：Common Sandpiper
科　　属：鹬科 矶鹬属
分布范围：见于各省
保护级别：无危，"三有名录"

翻石鹬。

学　　名：*Arenaria interpres*　　　英文名称：Ruddy Turnstone
科　　属：鹬科 翻石鹬属　　　分布范围：见于各省
保护级别：无危，国家二级保护野生动物

三趾滨鹬。

学　　名：*Calidris alba*　　　英文名称：Sanderling
科　　属：鹬科 三趾鹬属　　　分布范围：除黑龙江、四川外，见于各省
保护级别：无危，"三有名录"

勺嘴鹬

自带“汤匙”的鸟

勺嘴鹬十分神奇，它一出生就带着宽厚而平扁、尖端扩大成汤匙状或者说像铲子一样的喙。这个喙有许多用处。比如，宽大的喙部尖端分布有更多的赫布斯特小体（Herbst's corpuscle），能帮助勺嘴鹬更好地探测藏在水下和埋在泥沙里的食物；还可以让它拥有更宽的舌头，帮助自己提高过滤食物的效率。勺嘴鹬主要以水生的昆虫、甲壳动物、小型无脊椎动物为食。取食时，它通常在潜水层或软泥滩上一边小跑移动，一边用喙左右不停地来回扫动滤食，样子十分可爱。

不仅如此，勺嘴鹬还是一个变身达人。在非繁殖季节，成年勺嘴鹬背部和双翼的羽毛为灰棕色，绒羽较多，有利于保暖和伪装自己；到了繁殖季节，它的头部、喉部、颈部到胸部则变身为棕红色，胸部还有黑色的斑点，以吸引异性，赢得与其交配的机会。

古尔德先生曾于19世纪言称，自生物学家林奈于1758年对勺嘴鹬进行首次描述后近百年来，人们收集到的勺嘴鹬标本数量总共只有24号，除此之外，这种鸟很少被人观察到。同样，19世纪的英国鸟类学家詹姆斯·哈丁（James Harding）在评价勺嘴鹬时也说，这个早在一个多世纪前就被描述过的鸟，当时仍是他们最不了解且被认为是世上最罕见的物种之一。这反映出至少在近300年来，勺嘴鹬的数量均不太多。

林奈在介绍勺嘴鹬时，提到标本来自于位于南美洲北部的苏里南共和国。古尔德先生认为林奈的这一记录有误。他指出勺嘴鹬这一物种真正的栖息地应该在旧大陆的温带地区和北极圈以内的一些地方；冬季，它们到中国及亚洲其他国家的河口越冬，之后则回到北方繁殖。

实际上，勺嘴鹬夏季在俄罗斯繁殖，冬季南下，经停日本、朝鲜、韩国，以及我国东部沿海地区，然后到我国福建、广东、广西、香港、海南等地越冬，以及更远一点的越南、泰国、马来西亚和孟加拉湾沿岸。它对繁殖地的要求很高，十分挑剔，主要在沿海苔原和草甸、湖泊、溪流岸边等地方筑巢；迁徙时高度依赖沿海的滩涂，越冬时则喜欢在河口、沼泽等地。古尔德先生当时虽未在野外亲眼见过勺嘴鹬，但他的推断却很是符合实际的情况。

目前，勺嘴鹬是世界上最为稀有的鸟类之一，其全球野生种群数量可能仅约 500 只，并且仍呈现数量下降之势，处于极度濒危的状态。而事实上据估计在 20 世纪 70 年代时，勺嘴鹬的数量还有约 5000 只，是当今种群规模的10 倍。

勺嘴鹬如此岌岌可危的原因有很多，比如沿海围垦开发带来的潮间带栖息地减少、气候变化造成的冻土栖息地减少、盗猎、环境污染等。或许稍微有些宽慰的是，勺嘴鹬凭

勺嘴鹬。
学　　名：*Calidris pygmeus*
英文名称：Spoon-billed Sandpiper
科　　属：鹬科 滨鹬属
分布范围：黑龙江、辽宁、北京、天津、河北、山东、湖北、湖南、江西、江苏、上海、浙江、福建、广东、香港、澳门、广西、海南、台湾
保护级别：极危，国家一级保护野生动物

借自身可爱的外形受到了国内外的极大关注，从而带动起了栖息地保护、消除非法捕猎、人工孵卵和育雏等一系列艰辛保护工作的开展。这或许能给其种群恢复存留一线希望，至少也在一定程度上延缓该种灭绝的速度。

图中分别绘制了一只身着繁殖羽（左）和一只身着非繁殖羽的勺嘴鹬（右）。

小滨鹬。

学　　名: *Calidris minuta*
英文名称: Little Stint
科　　属: 鹬科 滨鹬属
分布范围: 吉林、天津、河北、山东、内蒙古、新疆、青海、
　　　　　云南、江苏、上海、浙江、广东、香港、澳门
保护级别: 无危, "三有名录"

青脚滨鹬。

学　　名: *Calidris temminckii*
英文名称: Temminck's Stint
科　　属: 鹬科 滨鹬属
分布范围: 见于各省
保护级别: 无危, "三有名录"

斑胸滨鹬。

学　　名：*Calidris melanotos*
英文名称：Pectoral Sandpiper
科　　属：鹬科 滨鹬属
分布范围：北京、天津、河北、内蒙古、云南、
　　　　　上海、香港、澳门、海南、台湾
保护级别：无危，"三有名录"

阔嘴鹬。

学　　名：*Calidris falcinellus*　英文名称：Broad-billed Sandpiper
科　　属：鹬科 滨鹬属
分布范围：黑龙江、吉林、辽宁、北京、天津、河北、山东、河南、
　　　　　内蒙古、新疆、青海、江西、江苏、上海、浙江、福建、
　　　　　广东、香港、澳门、广西、海南、台湾
保护级别：无危，国家二级保护野生动物

流苏鹬。
学　　名：*Calidris pugnax*
英文名称：Ruff
科　　属：鹬科 滨鹬属
分布范围：黑龙江、吉林、北京、天津、河北、山东、陕西、内蒙古、
　　　　　新疆、西藏、青海、云南、湖北、湖南、江西、江苏、上
　　　　　海、浙江、福建、广东、香港、海南、台湾
保护级别：无危，"三有名录"

黑腹滨鹬

黑腹滨鹬繁殖羽。黑腹滨鹬非繁殖羽。

学　　名：*Calidris alpina*

英文名称：Dunlin

科　　属：鹬科 滨鹬属

分布范围：黑龙江、吉林、辽宁、北京、天津、河北、山东、陕西、内蒙古、
　　　　　新疆、青海、云南、四川、湖北、湖南、江西、江苏、上海、浙
　　　　　江、福建、广东、香港、澳门、广西、海南、台湾

保护级别：无危，"三有名录"

弯嘴滨鹬。

学　　名：*Calidris ferruginea*

英文名称：Curlew Sandpiper

科　　属：鹬科 滨鹬属

分布范围：除贵州外，见于各省

保护级别：近危，"三有名录"

红颈瓣蹼鹬 ◉

学　　名：*Phalaropus lobatus*
英文名称：Red-necked Phalarope
科　　属：鹬科 瓣蹼鹬属
分布范围：黑龙江、辽宁、北京、天津、山东、河南、山西、内蒙
　　　　　古、新疆、四川、上海、浙江、广东、香港、台湾
保护级别：无危，"三有名录"

灰瓣蹼鹬

灰瓣蹼鹬非繁殖羽 ◉ 灰瓣蹼鹬繁殖羽 ◉
学　　名：*Phalaropus fulicarius*
英文名称：Red Phalarope
科　　属：鹬科 瓣蹼鹬属
分布范围：黑龙江、吉林、辽宁、北京、天津、河北、山东、河南、陕
　　　　　西、新疆、西藏、青海、云南、四川、湖北、江西、江苏、
　　　　　上海、浙江、福建、广东、香港、澳门、广西、海南、台湾
保护级别：无危，"三有名录"

黄脚三趾鹑。

学　　名：*Turnix tanki*

英文名称：Yellow-legged Buttonquail

科　　属：三趾鹑科 三趾鹑属

分布范围：除宁夏、新疆、西藏、青海外，见于各省

保护级别：无危

棕三趾鹑。

学　　名：*Turnix suscitator*

英文名称：Barred Buttonquail

科　　属：三趾鹑科 三趾鹑属

分布范围：云南、贵州、江西、福建、广东、香港、澳门、广西、海南、台湾

保护级别：无危

灰燕鸻。

学　　名：*Glareola lactea*
英文名称：Small Pratincole
科　　属：燕鸻科 燕鸻属
分布范围：西藏、云南
保护级别：无危，国家二级保护野生动物

普通燕鸻。

学　　名：*Glareola maldivarum*
英文名称：Oriental Pratincole
科　　属：燕鸻科 燕鸻属
分布范围：除新疆、贵州外，见于各省
保护级别：无危，"三有名录"

黑翅燕鸻。

学　　名：*Glareola nordmanni*
英文名称：Black-winged Pratincole
科　　属：燕鸻科 燕鸻属
分布范围：新疆
保护级别：近危

红嘴鸥 •

学　　名：*Chroicocephalus ridibundus*
英文名称：Black-headed Gull
科　　属：鸥科 彩头鸥属
分布范围：见于各省
保护级别：无危，"三有名录"

三趾鸥 。

学　　名：*Rissa tridactyla*
英文名称：Black-legged Kittiwake
科　　属：鸥科 三趾鸥属
分布范围：辽宁、北京、天津、河北、山东、甘
　　　　　肃、新疆、云南、四川、江苏、上海、
　　　　　浙江、广东、香港、海南、台湾
保护级别：易危，"三有名录"

小鸥 。

学　　名：*Hydrocoloeus minutus*
英文名称：Little Gull
科　　属：鸥科 小鸥属
分布范围：黑龙江、天津、河北、山西、内蒙古、
　　　　　新疆、青海、四川、江苏、上海、香
　　　　　港、台湾
保护级别：无危，国家二级保护野生动物

叉尾鸥。
学　　名：*Xema Sabini*
英文名称：Sabine's Gull
科　　属：鸥科 叉尾鸥属
分布范围：海南、台湾
保护级别：无危

楔尾鸥。
学　　名：*Rhodostethia rosea*
英文名称：Ross's Gull
科　　属：鸥科 楔尾鸥属
分布范围：辽宁、青海
保护级别：无危，"三有名录"

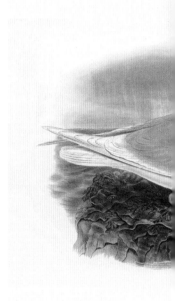

普通海鸥。
学　　名：*Larus canus*　英文名称：Mew Gull
科　　属：鸥科 鸥属
分布范围：除宁夏、西藏外，见于各省
保护级别：无危，"三有名录"

北极鸥。
学　　名：*Larus hyperboreus*　英文名称：Glaucous Gull
科　　属：欧科 鸥属
分布范围：黑龙江、吉林、辽宁、北京、天津、河北、山东、新疆、
　　　　　西藏、江苏、上海、浙江、福建、广东、香港、台湾
保护级别：无危，"三有名录"

鸥嘴噪鸥。
学　　名：*Gelochelidon nilotica*　英文名称：Gull-billed Tern
科　　属：鸥科 噪鸥属
分布范围：辽宁、北京、天津、河北、山东、河南、陕西、内蒙古、新疆、云南、
　　　　　江苏、上海、浙江、福建、广东、香港、澳门、广西、海南、台湾
保护级别：无危，"三有名录"。

中华凤头燕鸥。
学　　名：*Thalasseus bernsteini*　英文名称：Chinese Crested Tern
科　　属：鸥科 凤头燕鸥属
分布范围：天津、山东、江苏、上海、浙江、福建、广东、海南、台湾
保护级别：极危，国家一级保护野生动物

红嘴巨燕鸥。

学　　名：*Hydroprogne caspia*　英文名称：Caspian Tern
科　　属：鸥科 巨鸥属
分布范围：吉林、辽宁、北京、天津、山东、内蒙古、新疆、云南、江西、
　　　　　江苏、上海、浙江、福建、广东、香港、澳门、广西、海南、台湾
保护级别：无危，"三有名录"

白嘴端凤头燕鸥。

学　　名：*Thalasseus sandvicensis*　英文名称：Sandwich Tern
科　　属：鸥科 凤头燕鸥属　　分布范围：台湾
保护级别：无危

白额燕鸥 ●

学　　名：*Sternula albifrons*
英文名称：Little Tern
科　　属：鸥科 小燕鸥属
分布范围：除西藏、广西外，见于各省
保护级别：无危，"三有名录"

乌燕鸥 ◦

学　　名：*Onychoprion fuscatus*

英文名称：Sooty Tern

科　　属：鸥科 乌燕鸥属

分布范围：湖北、江苏、浙江、福建、香港、海南、台湾

保护级别：无危，"三有名录"

黑枕燕鸥 ◦

学　　名：*Sterna sumatrana*

英文名称：Black-naped Tern

科　　属：鸥科 燕鸥属

分布范围：河北、山东、江苏、上海、浙江、
　　　　　福建、广东、香港、海南、台湾

保护级别：无危，"三有名录"

普通燕鸥 。
学　　名：*Sterna hirundo*
英文名称：Common Tern
科　　属：鸥科 燕鸥属
分布范围：黑龙江、吉林、辽宁、北京、天津、河北、山东、
　　　　　河南、山西、陕西、内蒙古、宁夏、甘肃、新疆、
　　　　　西藏、青海、四川、贵州、湖北、江苏、上海、
　　　　　浙江、福建、广东、香港、广西、海南、台湾
保护级别：无危，"三有名录"

黑腹燕鸥 。
学　　名：*Sterna acuticauda*
英文名称：Black-bellied Tern
科　　属：鸥科 燕鸥属
分布范围：云南
保护级别：濒危，国家二级保护野生动物

灰翅浮鸥。

学　　名：*Chlidonias hybrida*

英文名称：Whiskered Tern

科　　属：鸥科 浮鸥属

分布范围：除西藏、贵州外，见于各省

保护级别：无危，"三有名录"

白翅浮鸥。

学　　名：*Chlidonias leucopterus*

英文名称：White-winged Tern

科　　属：鸥科 浮鸥属

分布范围：见于各省

保护级别：无危，"三有名录"。

中贼鸥。

学　名：*Stercorarius pomarinus*
英文名称：Pomarine Skua
科　属：贼鸥科 贼鸥属
分布范围：辽宁、山西、内蒙古、甘肃、四川、贵州、江苏、
　　　　　上海、浙江、福建、广东、香港、海南、台湾
保护级别：无危，"三有名录"

短尾贼鸥。

学　名：*Stercorarius parasiticus*
英文名称：Parasitic Jaeger
科　属：贼鸥科 贼鸥属
分布范围：北京、新疆、青海、四川、
　　　　　广东、香港、海南、台湾
保护级别：无危，"三有名录"

崖海鸦。

学　　名：*Uria aalge*
英文名称：Common Murre
科　　属：海雀科 海鸦属
分布范围：台湾
保护级别：无危，"三有名录"

PHAETHONTIFORMES

鹲形目

● **分类现状**

　　全世界仅鹲科1科1属3种，分别为红嘴鹲、红尾鹲和白尾鹲，在中国均有分布。传统分类上常将鹲归入鹈形目，现在基于分子系统发育学证据，将它们独立为了一个目。鹲科鸟类演化历史也较为久远，据化石证据显示，起源于古新世晚期，约5300万年前。

● 红尾鹲草图

● **分布情况**

　　主要见于全球的热带及亚热带海域，我国的鹲形目记录多见于台湾海域。

● **形态特征**

　　鹲形目外形与燕鸥相似，但有着一对极度延长而飘逸的中央尾羽，这对尾羽往往接近甚至超过身体的长度。喙较长，稍微向下弯曲，嘴缘呈锯齿状。两翼尖长，飞行能力出众。红嘴鹲喙为红色，中央尾羽白色，是唯一一种成鸟体羽也带有细密横斑的鹲。红尾鹲喙也为红色，但成鸟体羽纯白，中央尾羽红色。白尾鹲喙为桔黄色，体羽白色但飞羽上有非常醒目的黑色区域。

● **生态习性**

　　鹲形目体型中等，为典型的远洋海鸟，多单独或成对活动，繁殖时结群到岛屿上难于接近的高耸崖壁筑巢。它们主要以海水表层活动的小型鱼类和海生无脊椎动物为食。常在晨昏光线不强的时候觅食，飞行时振翅频率较快，姿态独特。热带地区生活的种群可以在一年中的各个时节繁殖，生活在纬度较高地方的则只在气温较高的月份繁殖。内陆及沿海地区很少见到鹲，但有时台风或飓风会将它们带到靠近人的区域。

● 保护形势

在普遍受到威胁的海鸟里面，目前 3 种鹲的种群数量还较为稳定。

红尾鹲 。

学　　名：*Phaethon rubricauda*
英文名称：Red-tailed Tropicbird
科　　属：鹲科 鹲属
分布范围：台湾
保护级别：无危，"三有名录"

GAVIIFORMES

潜鸟目

● **分类现状**

全世界有潜鸟科1科1属5种：红喉潜鸟、黑喉潜鸟、太平洋潜鸟和黄嘴潜鸟。过去依据形态学证据，认为潜鸟跟䴙䴘之间的亲缘关系最为接近，但近来获得的分子系统发育学证据则指出潜鸟属于广义上的水鸟分支，应该跟鹱（hù）形目和企鹅目的关系较近。

● **分布情况**

主要分布于北半球的寒带及温带水域，繁殖期在北极圈或邻近地区苔原带的淡水池塘或湖泊内筑巢。越冬期则南迁至温带沿海。见于中国境内的潜鸟均为旅鸟或冬候鸟。

● **形态特征**

大中型水鸟，体型最大的黄嘴潜鸟体长可达91厘米，体重达6.4千克；最小的红喉潜鸟体长53厘米—69厘米，体重最大者可至2.7千克。潜鸟的喙型强直，端部尖锐，形似匕首。脖颈较长，翅尖长，尾羽短而坚硬。脚短而有力，位于身体后部，前3趾间具蹼，后趾则较高。

● **生态习性**

典型的游禽，擅长游泳和潜水，但飞行能力依然出色。大型潜鸟平均每次下潜持续约40秒，潜水深度可达75米。潜鸟

红喉潜鸟 ●

学　名：*Gavia stellata*
英文名称：Red-throated Diver
科　属：潜鸟科 潜鸟属
分布范围：黑龙江、辽宁、北京、天津、河北、山东、内蒙古、云南、江苏、上海、浙江、福建、广东、广西、海南、台湾
保护级别：无危『三有名录』

后肢所处部位，有利于其潜水和游泳，却使得它们几乎难以在陆地上行走，常常只能匍匐前进。潜鸟主要捕食鱼类，也会取食两栖类及水生无脊椎动物。它们会以水生植物在水岸边筑巢，或是在浅水中以泥土及水生植物垒出一个稍高出水面的小平台。雌雄均参与筑巢，雄性潜鸟具有强烈的领域行为，负责巢址的选择和巢材的收集。双亲共同负责孵卵，雏鸟为早成性，孵出之后就会游泳，常常爬到亲鸟背部休息。

● **保护形势**

　　潜鸟的繁殖地尽管处在人迹罕至的高纬度地区，但仍然遭受全球气候变化的影响，挺水植物的减少以及水位的上升都会影响它们繁殖成功率。同时还受到水体酸化、重金属污染的威胁。在越冬期，潜鸟极易受到沿海石油泄漏的侵害，沿海风力发电设施也可能给它们造成干扰。除此之外，渔网或其他人工网具会缠绕住下潜觅食的潜鸟，致其死亡。

黑喉潜鸟 •

学　　名：*Gavia arctica*
英文名称：Black-throated Diver
科　　属：潜鸟科 潜鸟属
分布范围：辽宁、吉林、天津、河北、山东、内蒙古、
　　　　　江苏、上海、浙江、福建、台湾
保护级别：无危，"三有名录"

PROCELLARIIFORMES

鹱形目

● **分类现状**

全世界有 4 科 26 属 145 种，中国分布 3 科 8 属 15 种。鹱形目的进化历史比较悠久，化石记录显示鹱科至少可以追溯到 3700 万年之前，表明自那起它们就已经走上了适应海洋生活的进化道路。

● **分布情况**

广泛见于世界各个海域，主要分布于大西洋、太平洋和印度洋的寒带、温带及热带的海域。鹱形目是典型的远洋鸟类，在北半球或南半球繁殖的种类，往往会飞越赤道到另一个半球的海域度过非繁殖季，并在那里完成换羽。也有一些物种不穿越赤道，繁殖过后在同一个半球区域内游荡。

● **形态特征**

真正的海洋鸟类，因鼻孔呈管状也被称作"管鼻目"。体型差异巨大，既有如翼展接近 4 米的漂泊信天翁这样的"巨人"，体重可达 11.9 千克；也有体长仅约 13 厘米的海燕。体羽多以黑色、白色、棕色或褐色为主。喙长而侧扁，喙端具钩；两翅尖长，极善飞行，几乎终日翱翔于海上。凸尾或方尾，朝前的三趾间具蹼，后趾基本退化或完全消失。

● **生态习性**

信天翁是飞行姿态最为优雅的鸟类之一，它们以处乱不惊的沉稳在惊涛骇浪之间掠过的景象，给每一位见证者留下深刻印象；所有的信天翁都具有分外修长的两翼，漂泊信天翁更是有着现生鸟类之中最长的翼展；它们是

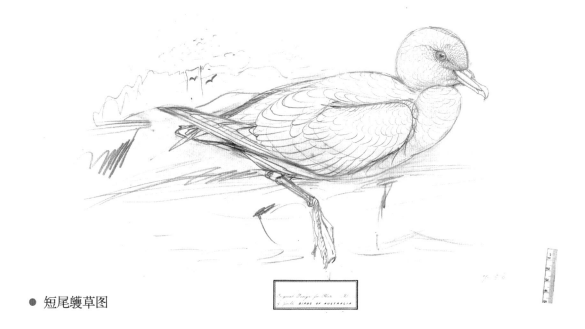

● 短尾鹱草图

利用气流进行动态翱翔的王者，在很少振翅的情况下就能够飞越千里海疆；信天翁主要以乌贼等头足类软体动物、鱼类和鱼卵为食，也取食磷虾及其他甲壳类等；信天翁的自然寿命很长，配偶关系也会持续很长时间，一只名叫"智慧"的黑背信天翁在2020年底以70岁的高龄仍在产卵繁殖。鹱科鸟类主要以小型鱼类和无脊椎动物为食，有些种类直接在飞行中从海面取食，有些会潜水捕食；体型接近信天翁的巨鹱则以大型脊椎动物尸体为食，也会捕食其他海鸟的卵和雏鸟。海燕类则以浮游生物、小型鱼类、乌贼和甲壳类为食。鹱形目平时都在海上活动，只有繁殖的时候才会到人迹罕至的岛屿集群营巢。信天翁在地面筑巢，其他种类多在地洞或石缝里筑巢。大多数物种在受到抓捕或威胁时，会用力将胃中刺激性气味的油性物质喷出，是一种有效的防御手段。

● **保护形势**

中国分布的鹱形目鸟类，黑脚信天翁和短尾信天翁已被列为国家一级保护野生动物。尽管，鹱形目或许是现生鸟类里数量最多的类群之一，但其生存日益受到人类活动的严重影响。远洋渔船作业中误捕导致的直接杀伤、过度捕捞使得食物资源减少、人为引入岛屿的猫、鼠等捕食者、以塑料垃圾为代表的愈发严重的海洋环境污染等等。事实上，在过去几十年间，近半数种类的海鸟数量都呈现了快速衰减之势，它们的命运亟待关注与保护。

暴风鹱。

学　　名：*Fulmarus glacialis*
英文名称：Northern Fulmar
科　　属：鹱科 暴风鹱属
分布范围：辽宁
保护级别：无危，"三有名录"

短尾鹱。

学　　名：*Ardenna tenuirostris*
英文名称：Short-tailed Shearwater
科　　属：鹱科 大鹱属
分布范围：河北、浙江、广东、香港、海南、台湾
保护级别：无危，"三有名录"

淡足鹱。

学　　名：*Ardenna carneipes*
英文名称：Flesh-footed Shearwater
科　　属：鹱科 大鹱属
分布范围：海南、台湾
保护级别：近危，"三有名录"

褐燕鹱。

学　　名：*Bulweria bulwerii*
英文名称：Bulwer's Petrel
科　　属：鹱科 燕鹱属
分布范围：云南、湖北、浙江、福建、广东、海南、台湾
保护级别：无危

CICONIIFORMES
鹳形目

● **分类现状**

全世界仅鹳科1科6属20种，中国分布有1科4属7种。过去根据传统分类学依据，鹳科、鹭科、鲸头鹳科、锤头鹳科、鹮科和鹈鹕（tí hú）科等都被划分为鹳形目鸟类。但是，近年来的分子系统发育学研究认为应将鹳科独立成目，其余5科则划为鹈形目。鹳形目可能起源于4000万至5000万年前，已知的化石记录也有1500万年的历史。

● **分布情况**

鹳类主要分布在亚洲热带和撒哈拉沙漠以南非洲，上述地区分别有8种和6种；少数种类见于美洲和欧洲，分别仅有3种和2种。黑鹳和东方白鹳在我国分布较广，而彩鹳、钳嘴鹳、白颈鹳、白鹳和秃鹳仅见于个别省份。其中，钳嘴鹳在国内的分布范围正呈扩张之势，白鹳则被认为已经在境内绝迹。

● **形态特征**

鹳类均为大型涉禽，撒哈拉沙漠以南非洲的非洲钳嘴鹳体型最小，成鸟体长仅55厘米—60厘米，而如大秃鹳、鞍嘴鹳这样的大型种类，体长均可达到150厘米。外形和鹭类相似，颈和腿均很长，但身形显得比鹭类要沉重。喙大而长，不同种之间喙的形态区别明显。鹳类缺乏发达的发声器官，在兴奋时会通过拍打翅膀或者敲打上下喙发出声响。

● 彩鹳草图

● 生态习性

　　鹳类多以小型脊椎动物为食，如鱼类、两栖爬行类甚至啮齿动物，但也会取食无脊椎动物，有些种类也取食很多软体动物。鹳类是典型的湿地鸟类，多见于沼泽、水田等栖息环境。鹳为典型的一夫一妻制鸟类，不同种的繁殖方式差异大，从单独筑巢到集群筑巢繁殖的都有，巢多筑于大树上面，但也有在悬崖甚至人类建筑物上筑巢的种类。繁殖时雌雄亲鸟共同孵化卵并育雏，雏鸟为晚成鸟，孵化时羽毛少且无法站立，亲鸟将食物吞下后带回巢内再反刍出来喂食雏鸟。冬季许多种类会迁徙至温暖的地区越冬。本书收录的白鹳绘图，良好地表现了该种在欧洲地区于人类建筑物上筑巢及育雏的场景。

● 保护形势

　　中国分布的鹳形目种类，彩鹳、黑鹳、白鹳和东方白鹳已被列为国家一级保护野生动物；秃鹳则被列为国家二级保护野生动物。由于大量栖息地被破坏，有 8 种鹳类的生存正面临威胁，除此之外，人为捕猎、毒杀和农业杀虫剂的滥用等因素也在威胁着鹳类。

彩鹳。
学　　名：*Mycteria leucocephala*
英文名称：Painted Stork
科　　属：鹳科 鹮鹳属
分布范围：河北、西藏、云南、四川、湖北、江西、
　　　　　江苏、上海、福建、广东、海南
保护级别：近危，国家一级保护野生动物

黑鹳

学　名：Ciconia nigra
英文名称：Black Stork
科　属：鹳科 鹳属
分布范围：除西藏外，见于各省
保护级别：无危，国家一级保护野生动物

白鹳。
学　　名：Ciconia ciconia
英文名称：White Stork
科　　属：鹳科 鹳属
分布范围：新疆
保护级别：无危；国家一级保护野生动物

SULIFORMES

鲣鸟目

● **分类现状**

　　全世界有 4 科 8 属 59 种，中国分布 3 科 4 属 11 种，分别是军舰鸟科 3 种，鲣（jiān）鸟科 3 种，鸬鹚科 5 种。鸬鹚科与蛇鹈科亲缘关系最为接近，二者与鲣鸟科组成关系相近的一支，最后这三科跟军舰鸟科一起组成鲣鸟目。

● **分布情况**

　　鸬鹚科广泛分布于除南极洲之外的世界各地。鲣鸟科广泛见于世界热带和温带各大海域，繁殖季节在中国西沙群岛能够见到大量的红脚鲣鸟。军舰鸟科遍布于世界的热带和亚热带海域及岛屿周边。

● **形态特征**

　　鸬鹚科种类脸颊上的裸皮部位常呈现明亮的蓝色、橙色、红色或黄色，脚的四趾间都有蹼，被称作全蹼；喙长而强健，上喙端有锋利的钩，适于捉鱼；下喙基部有可以膨大的喉囊；体羽多为黑色。军舰鸟科为大型海鸟，翅尖长且强而有力，飞行能力很强；喙长而尖，端部也具钩，深叉尾；跗跖短，趾间几乎没有蹼；雄性军舰鸟有可膨大的红色喉囊，求偶炫耀时会充气膨胀；军舰鸟的骨骼极为轻巧，其重量只占全身羽毛重量的一半。鲣鸟科的体羽多为白色，但飞羽和尾羽常常带有黑色；喙粗壮，长直而尖，似凿状，上下喙缘还呈锯齿状，便于抓鱼；跟鸬鹚一样，鲣鸟趾间也是全蹼。

● 红脚鲣鸟草图

● 生态习性

军舰鸟非常善飞，在空中能够灵活翻转，可凭借高超的飞行技能抢夺其他海鸟的食物，跟贼鸥一样享有"海盗鸟"的恶名；它们的趾间几乎无蹼，羽毛防水性能也一般，很少会在海里游泳；军舰鸟以各种海洋鱼类和无脊椎动物为食，尤其喜欢捕食飞鱼和乌贼，繁殖季节也会捕食其他海鸟的卵和雏鸟，虽说会劫掠其他鸟类的食物，但主要还是依靠自己捕食。鸬鹚科的种类善于游泳和潜水，喜欢聚群生活；它们依靠在水下潜泳来追击猎物，翅膀也可以辅助划水；鸬鹚主要以各种鱼类为食，其羽毛防水性能一般，入水过后往往需要上岸晾翅。鲣鸟为典型的海洋性鸟类，集群生活，主要以各种鱼类和乌贼为食；捕食的时候常常收起两翼从高空扎入海中，场景蔚为壮观；育雏期间，成鸟鲣鸟会将胃内的食物反刍出来饲喂给雏鸟；渔民通过观察鲣鸟追逐鱼群来判断哪些区域鱼较丰富，因此又称它们为"导航鸟"。

● 保护形势

中国分布的鲣鸟目鸟类，白腹军舰鸟被列为了国家一级保护野生动物，黑腹军舰鸟、白斑军舰鸟，全部三种鲣鸟和黑颈鸬鹚及海鸬鹚这7种列为了国家二级保护野生动物。鲣鸟目里的海洋种类，受人类过度捕捞、海洋污染的影响引起食物资源的减少，而它们赖以繁殖的岛屿往往也很容易遭受破坏，误入或误食渔业生产所使用的网具或钓具也会造成很多个体的死亡。不少地方还将鸬鹚视为影响渔业的有害动物，而对它们加以捕杀。红脚鲣鸟在一些地区遭到非法猎杀，此外岛屿上的树木被当作薪柴砍伐，也严重影响了它们的繁殖。

红脚鲣鸟

西沙群岛的居民

鲣鸟是一类蛮有意思的鸟。从字形上看，大部分鸟类的名字都是形声字，由形旁和声旁组成，形旁表意，声旁示音，比如鹛（méi）、鹃、鹎（bēi）、鹤、鹳等。而鲣鸟的"鲣"，偏以鱼字旁为部首示意，这说明它与鱼有着十分密切的联系。

鲣鸟为一类大中型的海洋性鸟类，具有粗壮且长的喙部，脚短并且大多都具有全蹼（每个趾间都具蹼），尾羽较长，飞行能力强且擅长潜水。除了繁殖季节之外，它们几乎一生都在海上度过，以海鱼等海洋生物为食，也因而练就了一身捕食的好本领。它们能从高空俯冲入水，通过潜水的方式来觅食，也能在飞鱼跃出水面的一刹那，迅速地划过水面捕食。

在鲣鸟科鲣鸟属的6个成员当中，红脚鲣鸟、蓝脸鲣鸟和褐鲣鸟均在我国境内有分布记录。其中，又以红脚鲣鸟在世界上分布范围最广、数量最多，也是我国西沙群岛的代表性鸟种。据估计，目前在西沙群岛生活着近10万只红脚鲣鸟，约占全球种群数量的10%。

红脚鲣鸟因成鸟具有鲜红色的腿和足而得名，红脚白尾是它们的主要特征。该种体形修长、体重较轻、翅膀长而窄、尾部呈楔形，是它们适应远洋觅食生活的重要特征。

红脚鲣鸟被认为是最为远洋性觅食的鲣鸟，它们可以飞往远离栖息地150公里之外的海域觅食。作为典型的热带海洋性鸟类，红脚鲣鸟只在繁殖时才会到岛屿上筑巢，它们的产卵季节很长，并且繁殖周期也较长。雏鸟从孵出后到有能力出巢飞行，需要近4个月的时间；从能够飞行到独立生活，还要持续约4个月。这期间，都需要亲鸟每天从

红脚鲣鸟

学　名：*Sula sula*
英文名称：Red-footed Booby
科　属：鲣鸟科 鲣鸟属
分布范围：浙江、广东、香港、海南、台湾
保护级别：无危 国家二级保护野生动物

海洋中捕食回来哺育幼鸟。红脚鲣鸟如此长时间的亲代哺育行为,主要是为了应对热带海洋食物难获取、台风较频繁等因素给幼鸟成活带来的危险。

亲鸟每天清晨出海捕食,傍晚归巢育雏。在没有导航设备的年代,附近的渔民便根据它们的活动轨迹,来推测鱼群所在的位置和判断返港的方向。于是,他们亲切地称红脚鲣鸟为导航鸟。不仅如此,红脚鲣鸟也时常追随船只飞行。因为船只航行过的水域被扰动,使水体深处的食物被翻腾到表层来,甚至将飞鱼等鱼类惊"飞",红脚鲣鸟便可以伺机捕食。

在古尔德先生绘制的这幅图中,近处为红脚鲣鸟成鸟,全身的羽色以白色和黑色为主;远处为亚成鸟,全身呈烟褐色。此时,亚成鸟正在跟随成鸟学习在海洋中生存的技巧,过不了多久,它就要离巢独立生活了。

普通鸬鹚 ◦

学　名：*Phalacrocorax carbo*

英文名称：Great Cormorant

科　属：鸬鹚科　鸬鹚属

分布范围：见于各省

保护级别：无危 『三有名录』

黑颈鸬鹚 ◦

学　名：*Microcarbo niger*

英文名称：Little Cormorant

科　属：鸬鹚科　小鸬鹚属

分布范围：云南

保护级别：无危。国家二级保护野生动物

PELECANIFORMES

鹈形目

彩鹮

学　　名：*Plegadis falcinellus*

英文名称：Glossy Ibis

科　　属：鹮科 彩鹮属

分布范围：河北、山东、河南、内蒙古、新疆、云南、四川、贵州、江苏、上海、浙江、福建、广东、香港、澳门、广西、台湾

保护级别：无危；国家一级保护野生动物

分类现状

全世界有 5 科 34 属 113 种，中国分布 3 科 15 属 35 种，包括鹮科 6 种、鹭科 26 种和鹈鹕科 3 种。该类群鸟类较为古老，大约在距今 5500 万年前的始新世就出现在地球上。鹮科跟鹭科的亲缘关系较为接近，鲸头鹳科与锤头鹳科关系最近，鹈鹕科则与鲸头鹳和锤头鹳所在的这一支有着较近的亲缘关系。

分布情况

鹮科见于欧亚大陆、非洲、美洲和澳洲的温带及热带地区。鹭科鸟类广泛分布于除南极洲之外的世界各地。鹈鹕科主要分布于亚洲、欧洲、非洲及澳洲的温暖水域。鲸头鹳科和锤头鹳科则是非洲的特有鸟类，前者见于非洲东部和南部，后者则广泛分布于撒哈拉以南的非洲。

形态特征

鹈鹕类体型巨大，喙甚宽大，下喙分为左右二支，中间具有一个巨大的皮肤喉囊。成年鹈鹕体长约 1.7 米，翼展可达 3 米，两翼相当强壮有力。鹭科鸟类喙长而尖直，颈长且在飞行时呈 S 型，脚和趾均细长，胫部部分裸露。鹮科种类的喙或是长而下弯，或是长而扁宽且前端扩展为匙状，各具特点。鹮科鸟类飞行时脖颈伸直而不弯曲。

● **生态习性**

鹮科、鹭科、鲸头鹳科及锤头鹳科为典型的涉禽，鹈鹕科则是典型的游禽。鹮类常聚成大群营巢繁殖，会在灌丛顶和树林中层以树枝建造结实的巢。鹭类多见于在水边长时间等候，利用其长而尖的喙出其不意地攻击猎物。跟鹮科种类相似，鹭类大多也集群营巢，经常能见到多种鹭类利用同一个营巢地。鹈鹕以其巨大的喙和喉囊像抄网一般在水中捕鱼，在地面行走时则显得较为笨拙。鹈形目鸟类主要以鱼、虾、软体动物、甲壳动物及昆虫等水生动物为食，因此也是湿地生态系统重要的指示生物。

● **保护形势**

中国分布的全部3种鹈鹕：白鹈鹕、卷羽鹈鹕和斑嘴鹈鹕，以及5种鹮科和3种鹭科鸟类被列为国家一级保护野生动物，另有1种鹮科和4种鹭科成员被列为国家二级保护野生动物。1981年5月，中国科学院动物研究所的刘荫增先生和同事在陕西省洋县发现了两家共7只朱鹮。其后以它们为奠基者，经过延续至今的多年保护和研究，朱鹮的种群数量已经恢复到了数千只，成为世界濒危动物保育领域中的经典案例。人为原因导致的栖息地破坏及干扰是鹮科鸟类面临的主要威胁。而栖息地破坏及片段化，人为捕杀则是鹭科鸟类所面临的问题。鹈鹕常常因为被认为与人争鱼而遭到捕杀，卷羽鹈鹕在蒙古国的繁殖地有时会因当地人想获取它们的喙而被偷猎。

大麻鳽（jiān）●

学　　名：*Botaurus stellaris*
英文名称：Eurasian Bittern
科　　属：鹭科　麻鳽属
分布范围：除西藏、青海外，见于各省
保护级别：无危，「三有名录」

夜鹭 。

学　　名：*Nycticorax nycticorax*
英文名称：Black-crowned Night Heron
科　　属：鹭科 夜鹭属
分布范围：见于各省
保护级别：无危，"三有名录"

黑苇鳽 。

学　　名：*Ixobrychus flavicollis*
英文名称：Black Bittern
科　　属：鹭科 黑鳽属
分布范围：北京、河南、陕西、甘肃、云南、四川、贵州、湖北、湖南、安徽、江西、
　　　　　江苏、浙江、上海、福建、广东、香港、澳门、广西、海南、台湾
保护级别：无危

苍鹭。
学　　名：*Ardea cinerea*
英文名称：Grey Heron
科　　属：鹭科 鹭属
分布范围：见于各省
保护级别：无危，"三有名录"

草鹭。
学　　名：*Ardea purpurea*
英文名称：Purple Heron
科　　属：鹭科 鹭属
分布范围：除新疆、西藏、青海外，见于各省
保护级别：无危，"三有名录"

大白鹭

大白鹭成鸟 ● **大白鹭幼鸟** ●

学　　名：*Ardea alba*
英文名称：Great Egret
科　　属：鹭科 鹭属
分布范围：黑龙江、吉林、辽宁、北京、天津、河北、山东、
　　　　　河南、山西、陕西、内蒙古、甘肃、新疆、西藏、
　　　　　青海、云南、贵州、四川、重庆、湖北、湖南、
　　　　　安徽、江西、江苏、上海、浙江、福建、广西、
　　　　　广东、香港、澳门、海南、台湾
保护级别：无危，"三有名录"

中白鹭 。
学　　名: *Ardea intermedia*
英文名称: Intermediate Egret
科　　属: 鹭科 鹭属
分布范围: 辽宁、北京、河北、山东、河南、陕西、甘肃、西藏、云南、
　　　　　四川、重庆、贵州、湖北、湖南、安徽、江西、江苏、上海、
　　　　　浙江、福建、广东、香港、澳门、广西、海南、台湾
保护级别: 无危，"三有名录"

白脸鹭 。
学　　名: *Egretta novaehollandiae*
英文名称: White-faced Egret
科　　属: 鹭科 白鹭属　分布范围: 福建、台湾
保护级别: 无危

白鹈鹕。

学　　名：*Pelecanus onocrotalus*
英文名称：Great White Pelican
科　　属：鹈鹕科 鹈鹕属
分布范围：北京、河南、甘肃、青海、新疆、四川、
　　　　　安徽、江苏、福建
保护级别：无危，国家一级保护野生动物

卷羽鹈鹕

以胡盛水，庠涸取鱼

鹈鹕，古时称鹪鹪、淘河。明代李时珍在《本草纲目·禽一·鹈鹕》中记载："鹈鹕处处有之，水鸟也。似鹗而甚大，灰色如苍鹅。喙长尺馀，直而且广，口中正赤，颔下胡大如数升囊。好羣飞，沉水食鱼，亦能竭小水取鱼。"这段话很好地概括了鹈鹕家族成员的特点：体形大，羽色以黑、灰、白为主，喙部长等。其中最显著的特点恐怕要数它们巨大的喙，以及下喙底部那个大大的可伸缩的皮囊。

长长的喙加上大大的皮囊着实给鹈鹕带来了一些不便，虽有长腿，鹈鹕在岸上行走时却左晃右摆，显得步伐笨拙。不过长嘴大皮囊却是它们在水中捕食的利器。鹈鹕捕食技术一流，常见它们排成一队将头扎入水中捕鱼，或协力将鱼驱赶到浅滩等地方，张嘴像一个抄网般捞鱼，随后收缩皮囊将多余的水排出，只吞下鲜美的鱼儿。

李时珍说，在我国"鹈鹕处处有之"，这并不完全准确，或者说这一结论已不再符合目前我国境内鹈鹕的种群现状了。作为大型水鸟，全球共有8种鹈鹕，主要生活在世界上温带、热带地区的湿地环境中；在我国曾有过3种鹈鹕分布，即斑嘴鹈鹕、白鹈鹕、卷羽鹈鹕，如今它们在境内的分布范围有限，数量也很少，均已被列入世界自然保护联盟《濒危物种红色名录》《中国濒危动物红皮书》《中国国家重点保护野生动物名录》。

卷羽鹈鹕因其颈背部位具有的卷曲羽簇而得名，它是鹈鹕中体形最大的成员，目前在全球的野外种群数量已不到3万只。

卷羽鹈鹕在全球的迁徙路线主要有 3 条，也相应地被划分为了东南欧、西亚和东亚 3 个独立的种群。其中，在蒙古国西部繁殖、全部到我国东部沿海水域越冬的东亚种群数量已不足 150 只。

为什么东亚种群的数量会如此少呢？主要有两个方面的原因。一是在蒙古国繁殖地，卷羽鹈鹕曾被大量猎杀。当地牧民认为，如果用鹈鹕的喙制作刷子，然后用来清洁马匹，可以让马儿变得更强健。二是，卷羽鹈鹕在我国境内的越冬地曾遭到了大量的破坏。每年冬季卷羽鹈鹕东亚种群会迁徙到我国东部沿海、香港等地越冬。这些地方也正是我国人口密集、经济发达的地区。长期以来人类活动的干扰，比如过度放牧、湿地围垦、近海渔业扩张、环境污染等，极大地破坏了卷羽鹈鹕的栖息环境，阻断了它们的食物来源和筑巢繁殖的机会。人类的这些行为最终导致了东亚种群数量的急剧下降。

卷羽鹈鹕栖息、繁殖于江河、湖泊、沼泽、滨海等湿地环境中，以鱼、甲壳动物、软体动物等水生动物为食，且喜欢群居生活。所以，保护和恢复该种群的有效办法之一，就是保护其赖以生存的繁殖地、越冬地和迁徙中停地。

在此图中，前景为一只处于繁殖期的成鸟，但脚的颜色描绘得并不准确，应为灰色；远景为一只雏鸟。背景并不清晰，看起来像戈壁、荒漠环境。虽然这不应该是卷尾鹈鹕真正的栖息环境，但却给予读者很大的视觉冲击，提醒着我们保护卷尾鹈鹕栖息环境的重要性和紧迫性。

卷羽鹈鹕 。

学　　名：*Pelecanus crispus*

英文名称：Dalmatian Pelican

科　　属：鹈鹕科 鹈鹕属

分布范围：辽宁、北京、天津、山东、河北、河南、山西、陕西、内蒙古、
　　　　　宁夏、甘肃、青海、新疆、湖北、湖南、江西、江苏、上海、浙
　　　　　江、福建、广东、香港、广西、海南、台湾

保护级别：近危，国家一级保护野生动物

ACCIPITRIFORMES

鹰形目

● **分类现状**

全世界有 3 科 72 属 257 种，其中蛇鹫科为非洲所特有，仅 1 种，即蛇鹫；鹗科也只有 1 种，见于南极洲之外的各大陆；鹰科的种类最为繁多，包括鸢、鹰、雕、鵟（kuáng）、鹞（yào）、鹫等，计有 255 种，中国分布有 2 科 26 属 56 种。隼（sǔn）形目和鸮（xiāo）形目以外的所有猛禽均被归属为鹰形目。分子系统发育学研究表明，鹰形目起源于 4400 万年前，鹰形目鸟类与鸮形目亲缘较近，而隼形目与这两科关系较远。

● **分布情况**

鹰形目鸟类分布广泛，遍及南极洲之外的各大陆。我国境内以新疆和云南分布的猛禽种类最多。鹰形目鸟类广泛的分布，可能与其飞行能力较强、活动范围大，以及许多种类具有迁徙习性有关。

● **形态特征**

具有强健有力、锐利而弯曲的喙和爪，这些特征适宜于撕裂猎物。鹫类的爪不锋利，可能与其食腐的特性有关。眼球较大，进化出了能够发现地面甚至水下猎物的极好视力。羽色较为朴素，多为灰色、褐色、黑色或白色等。不同种类的体型相差极大，我国境内最小的日本松雀鹰体长仅 23 厘米—30 厘米，而最大的秃鹫翼展可达 2.5 米—2.95 米。另外，跟多数鸟类当中雄鸟体型大于雌鸟的一般规律相反，鹰形目、隼形目和鸮形目种类的雌鸟个体大于雄鸟。对于这一现象目前还没有特别好的解释，雌鸟一般主要承担了保护卵及雏鸟的重任，因此自然选择可能更青睐体型更大具有更强保护力的雌鸟。除此之外，雌雄猛禽在体型上的差异使得它们可以选择不同大小的猎物，从而减少对于食物的直接竞争，这一点可能也有利于雌鸟大于雄鸟特征的出现。

● **生态习性**

鹰形目鸟类是典型的昼行性猛禽，大多以其他脊椎动物或无脊椎动物为食，处于食物链的顶端。大部分鹰形目鸟类主要

学　　名：*Pandion haliaetus*

英文名称：Osprey

科　　属：鹗科 鹗属

分布范围：见于各省

保护级别：无危·国家二级保护野生动物

鹗。

猎捕活物，以中小型兽类、鸟类及昆虫为主要猎捕对象，大型的雕则能猎食灵长类、鹿或羊的幼体等。鹫类则特化以腐食为主，能够起到处理尸体，减少有害病原微生物扩散的作用，是大自然的"清道夫"。鹫类一般会将头颈部探入腐尸内部取食，因此其头颈部被羽稀疏可能有避免过多沾染尸体血污的功能，同时也许还有利于炎热环境下的身体散热。鹰形目鸟类具有敏锐而精准的视力，即使翱翔于高空仍能清晰看到地面活动的猎物，堪称动物界的"千里眼"。在食物短缺的情况下，在不少鹰形目鸟类中还观察到了"同巢相食"的现象，即弱小的雏鸟难于存活最终会被强壮的雏鸟当作食物。

● 保护形势

　　中国分布的鹰形目鸟类，12 种已被列为了国家一级保护野生动物，其余 43 种全为国家二级保护野生动物。鹰形目鸟类霸气俊朗的外表，长久以来被人类视为自由、力量、勇武与胜利的文化象征，也因此而成为不少国家和民族所尊崇的对象。鹰形目处于食物链的顶端，对于维持生态系统的平衡发挥着不可替代的重要作用，也是生态系统健康的重要指征生物。然而，它们正面临一些共同的威胁因素，如人为原因导致的中毒、撞击电线或风力发电机致死等，以及因鹰猎导致的非法猎捕、走私买卖等。

白兀鹫。

学　　名：*Neophron percnopterus*
英文名称：Egyptian Vulture
科　　属：鹰科 兀鹫属
分布范围：新疆
保护级别：濒危，国家二级保护野生动物

白背兀鹫。

学　　名：*Gyps bengalensis*
英文名称：White-rumped Vulture
科　　属：鹰科 兀鹫属
分布范围：云南西部、西南部
保护级别：极危，国家一级保护野生动物

黑兀鹫。

学　　名: *Sarcogyps calvus*
英文名称: Red-headed Vulture
科　　属: 鹰科 兀鹫属
分布范围: 云南
保护级别: 极危，国家一级保护野生动物

禿 鷲

被动的食腐者

要说我国体型最大的猛禽，禿鷲是个很有希望的候选者：它的两翼完全展开接近 3 米。禿鷲浑身羽毛黑褐色，但头部仅被有毛发状的短羽，显得比较"头禿"，并且随着年龄的增长还会愈发稀疏。颈基部的浅色羽毛特别延长，形成翻毛领般的结构，是该种的一大特点。

别看禿鷲体型庞大，却是飞行高手。它能巧妙地利用上升的热气流盘旋，飞到一定高度之后就开始滑翔，待下降到一定高度再寻找合适的气流盘旋上升。通过不断重复这一过程，禿鷲可以相当轻松地飞过很大的范围。因此，为了便于起飞，禿鷲一般会将巢筑在悬崖陡壁之上。

禿鷲几乎以动物的尸体为食。它在形态上也表现出了对于食腐生活的适应：粗大的喙，便于撕扯进食；较大的体型在面对竞争食物的其他食腐动物时，也具有优势，并且每次取食的量也可以更大，从而更加耐饿。

腐败的食物中存在着大量的微生物，但它们却并没有使禿鷲染病。科研人员通过对它们的粪便进行研究后发现，禿鷲的排遗物中并没有携带太多的细菌和病毒。也就是说，禿鷲将腐肉中的大部分微生物消灭在了自己的消化道之内。这主要归功于禿鷲强大的胃，其胃酸的酸度要比人的胃酸高出 10 倍，具有很强的"消毒"作用，经胃部消化后的食物残渣中竟有 85% 的微生物消失了。除此之外，它还有十分强大的免疫系统。从某种意义上看，禿鷲食腐肉、抗"病毒"，是名副其实的大自然的

禿鷲 ◎
学　名：Aegypius monachus
英文名称：Cinereous Vulture
科　属：鹰科 禿鷲属
分布范围：见于各省
保护级别：近危·国家一级保护野生动物

"清道夫"。

秃鹫进食的场面不被大多数人接受，常常被描述为"恶心的""残忍的"，在英文中vulture一词也常被用来形容"吃相难看、贪婪"。它们在进食的时候几乎会将自己的整个头部伸进尸体的腹腔取食内脏器官。其头顶和后颈上部裸露、没有羽毛覆盖，只有少量的绒羽，可以减少进食时沾染血渍、腐肉等污物，以免滋生病菌。

如今，大自然不可或缺的"清道夫"们却遇到了大麻烦。在印度人们会给牲畜使用一种叫双氯芬酸（Diclofenac）的化学药品，用来治疗炎症和疼痛等病症。出于宗教信仰的原因，印度拥有数量庞大的牛群，而这些牛死后，尸体曾经主要就靠各种秃鹫来消除。孰料，双氯芬酸在进入秃鹫体内之后，会引发急性肾衰竭，最终导致死亡。在过去的30多年间，以印度为代表的南亚地区，秃鹫类的总数量减少了超过90%，如此惊人的种群衰退也带来了意想不到的问题。由于很多地方再没有秃鹫取食死牛，流浪狗没有了竞争食物的对手，吃得好生得多，其数量猛增，直接导致印度境内狂犬病发生率攀升，每年有不少人因此而丧命。目前，为了保护残存的秃鹫类，在南亚多个国家已经禁止使用双氯芬酸制成的兽药。

金雕。

学 · 名：*Aquila chrysaetos*

英文名称：Golden Eagle

科　属：鹰科　真雕属

分布范围：除广西、海南、台湾外，见于各省

保护级别：无危，国家一级保护野生动物

雀鹰。

学　　名：Accipiter nisus
英文名称：Eurasian Sparrowhawk
科　　属：鹰科 鹰属
分布范围：见于各省
保护级别：无危，国家二级保护野生动物

险峰密林中的猎人

苍鹰是一种隶属于鹰形目鹰科的猛禽。鹰科成员众多，既有体长可达 100 厘米的金雕，也有体长约 40 厘米的雀鹰；有具有超强捕猎能力、能捕杀大型动物的"猎人"，也有坐享其成、专吃腐肉的机会主义者，甚至还有以植物种子为食的素食主义者；它们中大多成员体色单一、灰暗，但也不乏羽色鲜艳、华丽者。苍鹰体形中等，在鹰属猛禽里面算是只大佬，而之所以被叫作苍鹰，则是因其成鸟胸腹部的羽毛以灰白色为主。

说到苍鹰，有两件事值得分享。

一是，鹰猎。在《猎隼》一文中我们提到了鹰猎文化。它在我国有着悠久的历史，同时也是一种世界性的狩猎文化。生活在不同地区的人通过训练特定的猛禽来进行捕猎。比如，中东地区的人喜好猎隼，中亚地区和欧洲地区的人偏爱金雕，北极地区的人喜欢矛隼。在我国，宋代诗人苏轼有诗句描述到："老夫聊发少年狂，左牵黄，右擎苍，锦帽貂裘，千骑卷平冈。为报倾城随太守，亲射虎，看孙郎。"意思是，

我豪情壮志，左手牵着黄犬，右臂托着苍鹰，头戴华帽，身穿皮衣，率部队如疾风电驰一般席卷山岗；众乡亲，请随我一起射杀虎狼。虽然"射虎"在这里是一种代称，指为国家除去入侵敌人，但我们不难看出，"右擎苍"中的苍鹰在当时已经成为人们所熟知的捕猎工具，才会被诗人用于通过描述打猎场景来抒发报国心情。明代地理学家徐霞客在其《徐霞客游记》的《丽江纪略》一篇中提到，当年蒙古大军南下攻宋时随带了专门照管鹰和犬的部落，这个部落后因得罪领袖而被迫在丽江北部地区定居下来。自此以后，鹰猎技术便在当地广泛流传，成了纳西族重要的民族活动之一。在鹰猎使用的众多猎鹰中，纳西族人酷爱苍鹰，因为它体形适中，又善于在高原地区的险峰密林中活动。其实，受鹰猎文化的影响，苍鹰也是盗猎分子的重要目标物种之一。一边是民族文化合法有序传承，一边是生物多样性保护，这两条道路的和谐共存任重而道远。

再者是，"郅都苍鹰"。我国西汉早期，

苍鹰。

学　　名：*Accipiter gentilis*
英文名称：Northern Goshawk
科　　属：鹰科 鹰属
分布范围：见于各省
保护级别：无危 国家二级保护野生动物

以严刑酷吏治国而闻名。当
时的中尉郅都，负责京师
的治安工作。他不畏
强权，推崇以严酷的
刑罚来镇压豪强，维
护国家秩序。世人对
他十分畏惧，将他作
为酷吏记入史册，并
称他为"苍鹰"。苍
鹰捕食动作的快、
准、猛、狠，与郅都
治国，严刑酷吏如出
一辙，也便成了酷吏
的代名词。南北朝诗
人庾信在其《正旦上司宪府》
一诗中说道："苍鹰下狱吏，獬豸饰
刑官。"用苍鹰指代掌管讼案、刑狱，
有权势的官吏，便是相同的道理。

　　在这幅画作中，前景为一只苍鹰成鸟，
远景为一只亚成鸟。古尔德先生画笔下的苍鹰，眼神中少了
一份犀利、杀气，多了一份温柔、呆萌，但它们抓握树枝、锋如刀锥的利
爪仍透露出一股凶猛之气，不减威风。

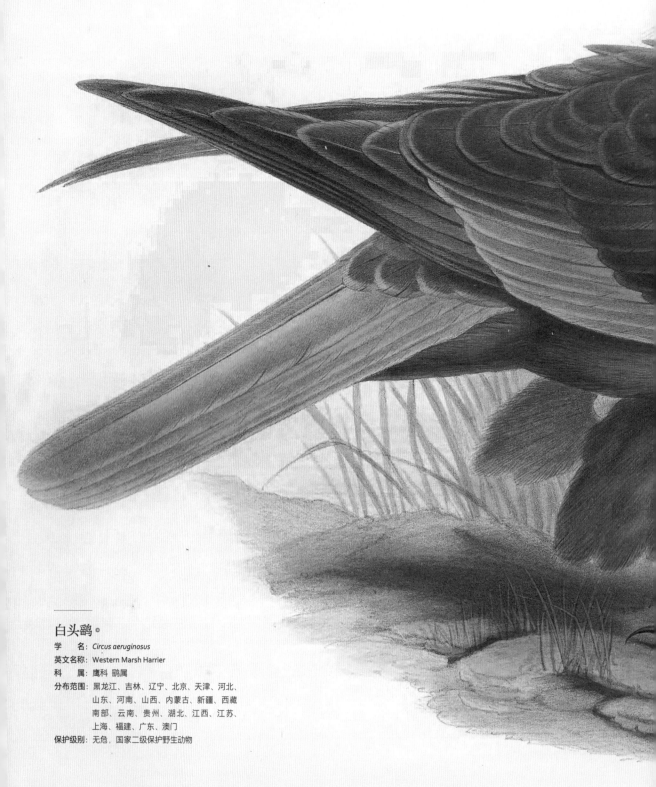

白头鹞。

学　　名：*Circus aeruginosus*
英文名称：Western Marsh Harrier
科　　属：鹰科 鹞属
分布范围：黑龙江、吉林、辽宁、北京、天津、河北、
　　　　　山东、河南、山西、内蒙古、新疆、西藏
　　　　　南部、云南、贵州、湖北、江西、江苏、
　　　　　上海、福建、广东、澳门
保护级别：无危，国家二级保护野生动物

栗鸢。
学　　名：*Haliastur indus*
英文名称：Brahminy Kite
科　　属：鹰科 栗鸢属
分布范围：山东、西藏、云南、湖北、江西、江苏、
　　　　　浙江、福建、广东、香港、广西、台湾
保护级别：无危，国家二级保护野生动物

白尾海雕。
学　　名：*Haliaeetus albicilla*
英文名称：White-tailed Sea Eagle
科　　属：鹰科 海雕属
分布范围：除海南外，见于各省
保护级别：无危，国家一级保护野生动物

普通鵟。

学　　名：*Buteo buteo*
英文名称：Eurasian Buzzard
科　　属：鹰科　鵟属
分布范围：见于各省
保护级别：无危，国家二级保护野生动物

STRIGIFORMES

鸮形目

● **分类现状**

全世界有2科27属249种，分别是鸱
鸮科25属228种和草鸮科2属21种，其
中我国分布有2科12属32种。

● **分布情况**

除南极洲外，见于其余各大陆。鸮类
适应多种多样的生境，荒漠、草原、沼泽、
湿地、苔原带、山地森林等环境都能见到
它们的身影。草鸮科在我国境内主要见于
云南、广西和海南等南方省份，仅草鸮分
布到了长江以北，在河北和山东有记录。
鸱鸮科种类较多，在我国分布也较广，本
书收录的鵰鸮是我国分布最为广泛的鸱鸮
科成员，栖息于山地高大林木、裸露的岩
石或悬崖峭壁。

● **形态特征**

鸮形目鸟类眼大而前视，头周围常常
由放射状排列的硬羽形成了面盘，耳状的
耳羽毛，具有强健而尖锐的喙，锐利而弯
曲的爪，因此我国民间俗称它们为"猫头
鹰"。鸱鸮科成员若有面盘的话，近乎圆
形，而草鸮科的面盘则似心形。鸮类体型
差异很大，如雕鸮、毛腿雕鸮这样的大型
种类体长可近90厘米；体小者如鸺鹠类，
大小跟人的拳头相仿。鸮类体色多暗而斑
驳，具有很好的隐蔽效果，不易被察觉到。
它们颈椎的构造特殊，能够左右旋转270
度，不转身就能观察到身后的情况。有的
鸮类在头顶两侧还有耳羽簇，在应激状态
下会竖起来。很多夜行性鸮类的飞羽具有
梳齿状的前缘，表面有绒毛状的结构，后
缘还有毛边，三个特征一起决定了鸮类静
音飞行的能力。

● **生态习性**

鸮类视觉十分敏锐，视杆细胞发达，
视力大大强于人类。它们听力也异乎寻
常，能够听到250Hz到10kHz频率范围
内的声音，对低频声音尤为敏感。大多数
种类听觉系统发生特化，表现为左右外耳
显著不对称，面盘也能起到辅助听觉（收
集和放大声音）的作用。听觉神经细胞的

数量是鸟类平均数量的 4 倍，有利于在夜行觅食中精确定位。研究表明，仓鸮可以依靠听觉对雪下啮齿动物定位并成功捕食。主要以鼠类为食，亦捕食小鸟、昆虫、蜥蜴、鱼等动物，具有吐"食丸"的习性，育雏期间每晚可捕食多达 35 只老鼠。雏鸟晚成性。本书收录的栗鸮属于留鸟，栖息于常绿阔叶林或针阔混交林中；乌林鸮甚至可以感知 50 厘米厚的雪下活动的老鼠；雪鸮在中国为冬候鸟，但前些年偶见在中国新疆和内蒙古地区繁殖。

● 保护形势

中国分布的鸮形目鸟类，2 种为国家一级保护野生动物，30 种为国家二级保护野生动物。它们对于控制鼠害、保护生物多样性和维持生态平衡具有重要作用。人为干扰导致的栖息地丧失和破碎化，是鸮形目鸟类生存和繁衍最大的威胁。由于全球气候变化和森林采伐，繁殖地惨遭破坏，食物资源减少，天敌威胁加重，一些在热带雨林栖息的种类，分布区狭小且种群数量少，受到的影响则更大。目前对鸮形目鸟类的科学研究还比较薄弱，对其生物学和生态学的认知和研究还有很大空间。

红角鸮

学　名：Otus sunia
英文名称：Oriental Scops Owl
科　属：鸱鸮科　角鸮属
分布范围：云南、四川、重庆、贵州、湖北、湖南、安徽、江西、江苏、上海、浙江、福建、广东、香港、广西、海南、台湾
保护级别：无危　国家二级保护野生动物

冰天雪地中的"杀手"

雪鸮

学　名：*Bubo scandiacus*

英文名称：Snowy Owl

科　属：鸱鸮科·雕鸮属

分布范围：黑龙江、吉林、河北、陕西、内蒙古、新疆

保护级别：易危·国家二级保护野生动物

1758 年，瑞典生物分类学家卡尔·冯·林奈描述命名了雪鸮。它的学名，与其模式标本采集地——芬兰拉普兰地区的斯堪的纳维亚有关，而它的英文名却得益于它浑身雪白的羽色。

雪鸮雄鸟全身雪白色，在羽毛末端点缀有少量的黑色斑纹；雌鸟通体以白色为底色，遍布黑色斑纹。雪鸮通常生活在高纬度、高海拔地区，这些地方气候严酷、十分寒冷，常年被冰雪覆盖。它雪白的羽毛，是对生活环境的极大适应。雪白的羽色可以反射阳光，一方面在高空飞行时，它的身体颜色与天空背景的颜色相近，不易被地面的猎物发现，另一方面也能让它在冰雪环境中很好地隐蔽自己，以躲避天敌或便于捕食。

与大部分猫头鹰白天休息、晚上捕猎不同的是，雪鸮通常在白天特别是晨昏时段活动、晚上休息。它拥有非常出色的视力，常常停歇在地面或短木桩上搜寻猎物。但是当猎物躲藏到雪地下或者厚厚的枯枝落叶中时，再出色的视力也无济于事了。这时，它就凭借自己优秀的听力来捕猎。捕猎时，雪鸮既能平稳地贴近地面飞行，也能强力俯冲，抓到猎物后快速地升空而起，动作迅猛。

雪鸮的领域性很强。以巢为圆心，2 平方千米范围内的地方都是它的地盘。如果该范围内还有其他雪鸮产卵、活动，并且它们之间的距离小于 1 千米，则常常会爆发夺地"战争"。不过，这种情况有时也会受领地内食物等资源的丰富程度而定。

雪鸮雌鸟选择在视野开阔、没有积雪覆盖的现成的凹地、小

土包、大石头旁筑巢产卵，还甚至会自己挖坑产卵。孵卵时，雌鸟几乎全程蹲坐在卵上以确保卵和雏鸟的安全，雄鸟则负责寻找食物喂养雌鸟。雏鸟孵化之后，雌鸟和雄鸟一起哺育后代很长一段时间，直到幼鸟能独立生活。通常情况下，雌鸟间隔两天左右产一枚卵，总的产卵数量与食物、气候等外界条件和环境有关。

由于本身数量不多，且主要分布在北半球的高纬度寒冷地区，雪鸮在我国并不算常见。我国有关雪鸮的最早记录要追溯到 1957 年的冬天。当时，一位在黑龙江五大连池地区开展野生动物调查的学者在野外第一次记录到了雪鸮在我国的分布，也留下了我国第一个雪鸮标本。随后很长一段时间内，国内都罕有雪鸮记录，直到 2008 年开始才陆续有人再次在国内观察到了它。

这是一幅很有意思的图。图中画了三只雪鸮，前景为一只雌鸟正面，中景中展示了一只几乎全白的雄鸟和一只带有黑色斑纹的雌鸟背面，远景展示的是它们的生活环境。古尔德先生十分智慧地通过这样的元素组合向我们展示了雪鸮的生活习性、生活环境，以及雌、雄雪鸮的差异，直观且生动。

雕鸮

学　　名：*Bubo bubo*
英文名称：Eurasian Eagle-owl
科　　属：鸱鸮科 雕鸮属
分布范围：黑龙江、吉林、辽宁、北京、河北、山东、河南、山西、陕西、内蒙古、宁夏、甘肃、
　　　　　新疆、西藏、青海、云南、四川、重庆、贵州、湖北、湖南、安徽、江西、江苏、上海、
　　　　　浙江、福建、广东、香港、广西
保护级别：无危、国家二级保护野生动物

灰林鸮。
学　　名: *Strix aluco*
英文名称: Tawny Owl
科　　属: 鸱鸮科 林鸮属
分布范围: 黑龙江、吉林、辽宁、北京、河北、山东、
　　　　　陕西、西藏、云南、四川、重庆、贵州、
　　　　　湖北、湖南、安徽、江西、江苏、上海、
　　　　　浙江、福建、广东、香港、广西、台湾
保护级别: 无危，国家二级保护野生动物

长尾林鸮。
学　　名: *Strix uralensis*
英文名称: Ural Owl
科　　属: 鸱鸮科 林鸮属
分布范围: 黑龙江、吉林、辽宁、北京、内蒙古、新疆
保护级别: 无危，国家二级保护野生动物

猛鸮。

学　　名：*Surnia ulula*
英文名称：Hawk Owl
科　　属：鸱鸮科 猛鸮属
分布范围：黑龙江、吉林、内蒙古、新疆
保护级别：无危，国家二级保护野生动物

领鸺鹠。

学　　名：*Glaucidium brodiei*
英文名称：Collared Owlet
科　　属：鸱鸮科 鸺鹠属
分布范围：河南、陕西、甘肃、西藏、云南、贵州、四川、
　　　　　重庆、湖北、湖南、安徽、江西、江苏、上海、
　　　　　浙江、福建、广东、澳门、广西、海南、台湾
保护级别：无危，国家二级保护野生动物

纵纹腹小鸮。

学　　名：*Athene noctua*
英文名称：Little Owl
科　　属：鸱鸮科 小鸮属
分布范围：黑龙江、吉林、辽宁、北京、天津、河北、山东、河南、
　　　　　山西、陕西、内蒙古、宁夏、甘肃、新疆、西藏、青海、
　　　　　云南、四川、湖北、江西、江苏、台湾
保护级别：无危，国家二级保护野生动物

鬼鸮。

学　　名：*Aegolius funereus*

英文名称：Boreal Owl

科　　属：鸱鸮科 鬼鸮属

分布范围：黑龙江、吉林、内蒙古、新疆、陕西、甘肃、青海、云南、四川

保护级别：无危，国家二级保护野生动物

长耳鸮。

学　　名：*Asio otus*

英文名称：Long-eared Owl

科　　属：鸱鸮科 耳鸮属

分布范围：除海南外，各省可见

保护级别：无危，国家二级保护野生动物

仓鸮。

学　　名：*Tyto alba*

英文名称：Barn Owl

科　　属：草鸮科 草鸮属

分布范围：云南、贵州、广西

保护级别：无危，国家二级保护野生动物

短耳鸮。

学　　名:	*Asio flammeus*
英文名称:	Short-eared Owl
科　　属:	鸱鸮科 耳鸮属
分布范围:	见于各省
保护级别:	无危，国家二级保护野生动物

草鸮。

学　　名:	*Tyto longimembris*
英文名称:	Eastern Grass Owl
科　　属:	草鸮科 草鸮属
分布范围:	河北、山东、河南、云南、四川、重庆、贵州、湖北、湖南、安徽、上海、浙江、江西、福建、广东、香港、澳门、广西、海南、台湾
保护级别:	无危，国家二级保护野生动物

栗鸮。

学　　名:	*Phodilus badius*
英文名称:	Bay Owl
科　　属:	草鸮科 栗鸮属
分布范围:	云南、广西、海南
保护级别:	无危，国家二级保护野生动物

TROGONIFORMES

咬鹃目

- **分类现状**

　　全世界有咬鹃科1科7属43种。中国分布有1科1属3种，分别是红头咬鹃、橙胸咬鹃和红腹咬鹃。咬鹃的喙相对较宽，看起来与雨燕有相似之处，但它们的亲缘关系实际相距甚远。关于咬鹃目鸟类的起源，目前仍然存在争议，传统观点认为咬鹃可能起源于非洲，分子证据显示分布于非洲的咬鹃最为古老；但化石证据表明咬鹃在6500万年前就出现在欧洲，因此欧洲也可能是咬鹃类的起源中心；另一种观点则认为起源于中南美洲，因为这里的现生种类最多，物种多样性最高，所以也有可能是起源中心。

- **分布情况**

　　咬鹃目鸟类见于非洲、东南亚、南美洲和中美洲的热带雨林，以拉丁美洲分布种类最多。在南美洲广阔的亚马逊热带雨林和延绵高耸的安第斯山脉生活着20多种咬鹃。有个别咬鹃种类的分布范围非常狭窄，数量也较稀少。红头咬鹃为中国境内最为常见的咬鹃，主要栖息于海拔1500米以下的常绿阔叶林和次生林，在云南高黎贡山可出现在2300米的中山地带。

- **形态特征**

　　咬鹃是羽色最为华丽和鲜艳的现生鸟类之一，以红黄绿色为主。咬鹃是典型的森林鸟类，它们跗跖短，为"异趾足"，即第一和第二趾指向后方，而第三和第四个脚趾指向前方。其他种类的攀禽则是"对趾足"，第一和第四趾向后，第二和第三趾向前。边缘分布于我国的橙胸咬鹃偏好栖息于海拔600米—1500米的常绿阔叶林，多在树冠中上层活动，常常单个或

成对活动，在
树洞中筑巢。
罕见于我国的红
腹咬鹃前额及眉纹
为橙黄色，头至背部橄
榄色，中央尾羽黑色，初级
覆羽黑色，次级覆羽褐色有细碎
的黑色斑纹，喉至胸部灰褐色，腹部
柠檬黄色。

● 生态习性

咬鹃宽大的喙与雨燕相似，都是对飞行
中捕食昆虫的取食方式的适应。多数咬鹃主要以昆虫和水果为食，体型较大的种类也会捕
食小型蜥蜴。咬鹃的皮肤相当脆弱，羽毛也容易脱落，这可能是一种反捕食对策。大多数
时候咬鹃都一动不动地站在树枝上静候猎物，常单独活动。咬鹃在树洞中筑巢，双亲共同
抚育雏鸟。

● 保护形势

中国分布的 3 种咬鹃，全部被列为国家二级保护野生动物。除红头咬鹃之外，红腹咬
鹃和橙腹咬鹃在我国的分布范围较窄，对它们的研究和关注都还较少。

橙胸咬鹃。

学　　名：*Harpactes oreskios*
英文名称：Orange-breasted Trogon
科　　属：咬鹃科 咬鹃属
分布范围：云南、广西
保护级别：无危，国家二级保护野生动物

红头咬鹃。

学　　名：*Harpactes erythrocephalus*
英文名称：Red-headed Trogon
科　　属：咬鹃科 咬鹃属
分布范围：西藏、云南、四川、湖北、江西、
　　　　　福建、广东、广西、海南
保护级别：无危、国家二级保护野生动物

BUCEROTIMORPHAE

犀鸟目

● 分类现状

全世界有3科19属73种，分别为戴胜科（3种）、林戴胜科（9种）、犀鸟科（61种）。中国分布有2科6属6种。

● 分布情况

犀鸟目只见于旧大陆，尤以非洲的物种多样性最高。犀鸟科的分布范围从非洲向北至南亚，再到东南亚，向东北至菲律宾和新几内亚岛。地犀鸟属为非洲特有，包括了体型最大的两种犀鸟。亚洲的犀鸟多生活于热带和亚热带雨林，非洲的犀鸟则有很多种类见于较为干旱稀树草原。戴胜科则分布于旧大陆的温带和热带地区，其中戴胜广泛见于我国各地。

● 形态特征

犀鸟的体型相差很大，最小的红弯嘴犀鸟体重最低不足100克，最大的红脸地犀鸟体重可达6千克。犀鸟体羽及饰羽颜色鲜艳夺目，且生性喜嘈杂，这些都使它们成为引人注目的鸟类。不过，犀鸟最为突出的外形特征无疑是可占体长三分之一至二分之一的巨大的喙。同时，犀鸟头上往往还长有一个盔状的突起，叫做盔突，形似犀牛角，据信这也是犀鸟名字的由来。林戴胜的体羽多为深色，但带有金属光泽。戴胜科种类的喙细长并且自基部开始向下弯曲，头上具有呈扇形的羽冠，体羽土棕色而杂以黑斑。

● 生态习性

犀鸟的食性较为多样，栖息于森林的犀鸟更多地取食果实，生活在草原上的犀鸟则较多地偏好肉食。戴胜在我国属于相当常见的鸟类，常在林缘、耕地等开阔潮湿的生境中活动，主要以昆虫等小型无脊椎动物为食。戴胜在树洞内筑巢，利用天然洞隙或其他鸟类凿出的树洞。戴胜长相奇特，令人过目不忘，长长的喙特别适宜在地面翻动寻找食物。当遇到惊扰时，冠羽将会立起起到警示作用，起飞时则会收起羽冠。戴胜多单独活动，偶见成对。雌雄戴胜共同育雏，但它们在育雏期间并不清理雏鸟的粪

● 戴胜草图

便，导致巢内又臭又脏。同时，戴胜雌鸟还会分泌一种带有恶臭的油脂，加上其叫声类似"咕咕"，因而又有了"臭咕咕"的俗称。"胜"是指我国古代妇女佩戴的一种头饰，这可能是戴胜中文名字的由来。

● **保护形势**

中国分布的5种犀鸟：双角犀鸟、白喉犀鸟、棕颈犀鸟、冠斑犀鸟和花冠皱盔犀鸟，已全部被列为国家一级保护野生动物。而据中国鸟类红色名录评估，我国所有鸟类中受威胁程度位于前列的是鹈鹕科和犀鸟科，这两个科全部物种都属于易危及以上等级的濒危物种。中国5种犀鸟的分布范围狭窄，种群数量稀少，是热带和亚热带森林的旗舰鸟种。目前，天然林被垦植为人工林的现象依然屡见不鲜，热带丛林的消退会严重影响犀鸟的生存和繁衍。此外，近年来突然兴起的非法倒卖盔犀鸟头，日渐成为威胁该种犀鸟生存的最重要因素。犀鸟因对森林树木种子传播发挥着不可替代的作用，而被誉为"森林农夫"。我国境内的犀鸟已属于边缘分布，如今对于它们的野外观察和科学研究仍较为缺乏。

戴 胜

春之使者 "臭咕咕"

戴胜。

学　名：*Upupa epops*
英文名称：Commn Hoopoe
科　　属：戴胜科　戴胜属
分布范围：见于各省
保护级别：无危；『三有名录』

犀鸟目在我国分布有 2 科 6 种，即犀鸟科的 5 种犀鸟和戴胜科的戴胜。前者如今仅生活在我国极西南地区的亚热带和热带森林，后者在全国广布。

戴胜最初被归在佛法僧目戴胜科，后来单独提升为戴胜目。2008 年，哈克特（Shannon J. Hackett）等人又将其划入犀鸟目戴胜科。我国只有戴胜这一种，但它的适应能力超强，分布范围相当广泛，从北到南，从森林、草地到农田、市区，都有它的身影。戴胜一般在地面活动，用它细长且弯曲的喙啄食昆虫、小型爬行动物、蛙、植物等。

不仅如此，它名字众多，与中国文化源远流长。

"戴胜"一词，出现在《山海经》对西王母的描述中："其状如人，豹尾虎齿而善啸，蓬发戴胜。"胜，在我国古代是物品的名称，它的本意是头上长出一团隆起突出形似倒梯形状的息肉，后发展为指代头部长出突出隆起辐射状羽冠，也指古人用来纺织的工具、首饰或装饰品。戴胜得其名，除了头顶的冠羽形状外，还与"胜"有关。《礼记·月令·季春之月》里记载："戴胜降于桑。"郑玄对其注释道："戴胜，织任之鸟。"《尔雅·释鸟》中称其为"戴鵀（rén）"，郭璞注称："鵀即头上胜，今亦呼为戴胜。"任、鵀都与纴相关，后者是古代织布机上用来缠绕经线的工具。再者，"屠酥先尚幼，彩胜又宜春"，胜亦作为一种

● 戴胜草图

饰品，用来庆祝春天的到来。作为鸟名，戴胜一词很形象，意为戴着胜的鸟，这既符合它头顶宛如华丽头饰的羽冠，也表示它与农事有关。

古人认为戴胜是春之使者，与农事有着密切的联系。很早以前，人们就注意到，每年春季谷雨前后，戴胜便会在树上营巢繁殖后代，而此时正值春蚕上市。唐代张何在《织鸟》一诗中写道："季春三月里，戴胜下桑来……候惊蚕事晚，织向女工裁。"谷雨时节，戴胜到来，提醒桑女及时采桑织布，故而它又被称为织鸟。

很多地方还会把戴胜叫作"臭咕咕"，这与它的繁殖行为有关。戴胜喜欢天然树洞或啄木鸟洞，也会在石堆缝、墙洞等地方筑巢。育雏时，亲鸟会"任由"家人将排泄物留在巢内。与此同时，它还会将粪便和带有恶臭的尾脂腺分泌物涂抹在卵和幼鸟身上。粪便中的粪肠球菌不仅有利于卵的顺利孵化，还可以帮助幼鸟抵抗地衣芽孢杆菌来保护羽毛，再加上臭熏熏的味道能让一些捕食者望而却步，这确实是种看似不雅，实则相当不错的生存之道。

古尔德先生评价戴胜："要论优雅的外形和出奇的行为，戴胜算得上是所有鸟类中的佼佼者了。"而我们有的读者在初识戴胜时，会将其误认为啄木鸟，也并不奇怪。古尔德说，戴胜的腿、爪结构并不像完全的树栖型林鸟，它没有足够的力量去攀爬树木，但它飞行慢而显得笨拙，确实与啄木鸟相似。

CORACIIFORMES

佛法僧目

• 分类现状

全世界有 6 科 35 属 179 种，中国分布 3 科 11 属 23 种。在距今 2200 万年前的古近纪就发现过属于佛法僧目的化石。该目中文名的由来源自早年间日本人的一个误会。当时在日本的人们发现有种鸟的三音节叫声很像日语中“佛、法、僧”的发音，由于佛、法、僧又被称作“佛教三宝”，因此这种鸟就被称为了三宝鸟。顺带着三宝鸟所在的目，也就被叫作了佛法僧目。随着明治维新之后，大量的日文著作被翻译为中文引进，佛法僧这个名称也由此传入了中国。不过，现在我们知道叫声像“佛、法、僧”的鸟其实是红角鸮，而并非三宝鸟，佛法僧这个名字也将错就错沿用至今。传统上佛法僧目还包括了犀鸟和戴胜，如今分子系统发育学研究已将后两者独立为了犀鸟目。现在的佛法僧目指翠鸟、蜂虎、佛法僧及相关类群 [翠鴗 (lì)、短尾鴗、地鴗]。最新的分子证据显示，佛法僧目和鹦鹉目、雀形目、鸮形目具有共同的祖先。

• 分布情况

除南极洲之外，佛法僧目广泛分布于全球，多见于热带和亚热带地区。非洲和南亚的种类较多，美洲大陆仅有少数种类分布。其中，翠鸟科分布最广，蜂虎和佛法僧则见于旧大陆的热带及温带地区，短尾鴗、翠鴗分布于美洲，而地鴗为马达加斯加岛特有的科。在我国，佛法僧目鸟类在各个省市均有分布。

• 形态特征

佛法僧目鸟类羽色多艳丽，羽色大多较为艳丽，以蓝绿色占主导，部分个体为黑、白色，有时呈现金属样结构色。腿短，三个脚趾均向前，趾基部存在不同程度的并合。该目鸟类形态结构多样，体型差异较大，身形紧凑，喙型多样，尾羽长度不一，有叉尾、方尾等。其中，短尾鸿体型非常小，成鸟体重仅 5 克—7 克，体长 10 厘米—11.5 厘米；佛法僧为中至大型；翠鸟的种类尤为繁多，体形差异也很大，最小的翠鸟体长仅 10 厘米，体重 9 克—12 克，而最大的翠鸟体长可达 46 厘米，体重达 426 克。

栗头蜂虎。

学 名：Merops leschenaultia
英文名称：Chestnut-headed Bee-eater
科 属：蜂虎科 蜂虎属
分布范围：云南
保护级别：无危；国家二级保护野生动物

● 生态习性

该目鸟类适应多样的栖息环境，见于河流、湖泊、森林和原野等地，少部分种类也会生活在人居环境周边。善于长时间站立，也善于飞行。多数种类常独居生活，但一些蜂虎也会集群营巢觅食。它们主要以鱼虾、小型无脊椎动物和两栖爬行类为食，也会取食植物种子和果实。多数种类会在泥质或砂质土坡、河岸边自行挖掘洞穴筑巢，有些种类则利用天然洞隙，雌雄均参与筑巢和育雏，雏鸟为晚成性。大多数为留鸟，少部分具有迁徙习性。

● 保护形势

中国分布的 23 种佛法僧目鸟类，有 12 种被列为国家二级保护野生动物。据 2020 年国际自然保护联盟（IUCN）《濒临物种红色名录》，该目鸟类受胁种类为 34 种，比例占总种数的 18.58%。森林砍伐和农田开垦，导致栖息地严重萎缩，人为捕获售卖、捕杀、栖息地破坏也是该类群正面临的主要威胁。

赤须蜂虎。

学　　名：*Nyctyornis amictus*
英文名称：Red-bearded Bee-eater
科　　属：蜂虎科 夜蜂虎属
分布范围：云南
保护级别：无危，国家二级保护野生动物

蓝须蜂虎。

学　　名：*Nyctyornis athertoni*
英文名称：Blue-bearded Bee-eater
科　　属：蜂虎科 夜蜂虎属
分布范围：云南、广西、海南
保护级别：无危，国家二级保护野生动物

绿喉蜂虎。

学　　名：*Merops orientalis*
英文名称：Green Bee-eater
科　　属：蜂虎科 蜂虎属
分布范围：云南、四川
保护级别：无危，国家二级保护野生动物

栗喉蜂虎。

学　　名：*Merops philippinus*
英文名称：Blue-tailed Bee-eater
科　　属：蜂虎科 蜂虎属
分布范围：云南、四川、福建、广东、香港、广西、海南、台湾
保护级别：无危，国家二级保护野生动物

黄喉蜂虎。

学　　名：*Merops apiaster*
英文名称：European Bee-eater
科　　属：蜂虎科 蜂虎属
分布范围：新疆
保护级别：无危

棕胸佛法僧。

学　　名：*Coracias benghalensis*
英文名称：Indian Roller
科　　属：佛法僧科 佛法僧属
分布范围：四川、西藏、云南
保护级别：无危，"三有名录"

蓝胸佛法僧。

学　　名：*Coracias garrulus*
英文名称：European Roller
科　　属：佛法僧科 佛法僧属
分布范围：新疆、西藏
保护级别：无危，"三有名录"

白胸翡翠。

学　　名：*Halcyon smyrnensis*
英文名称：White-throasted Kingfisher
科　　属：翠鸟科 翡翠属
分布范围：西藏、贵州、云南、四川、贵州、湖北、河
　　　　　南、江西、江苏、上海、浙江、福建、广
　　　　　东、香港、澳门、广西、海南、台湾
保护级别：无危, 国家二级保护野生动物

蓝翡翠。

学　　名：*Halcyon pileata*
英文名称：Black-capped Kingfisher
科　　属：翠鸟科 翡翠属
分布范围：除新疆、西藏、青海外, 见于各省
保护级别：无危, "三有名录"

普通翠鸟。

学　　名：*Alcedo atthis*
英文名称：Common Kingfisher
科　　属：翠鸟科 翠鸟属
分布范围：见于各省
保护级别：无危，"三有名录"

斑头大翠鸟。

学　　名：*Alcedo hercules*
英文名称：Blyth's Kingfisher
科　　属：翠鸟科 翠鸟属
分布范围：云南、江西、福建、广东、广西、海南
保护级别：无危，国家二级保护野生动物

PICIFORMES

啄木鸟目

● **分类现状**

　　全世界有9科72属445种。中国分布有3科16属43种，分别是：拟啄木鸟科，包括1属9种；响蜜䴕科，包括1属1种；啄木鸟科，包括14属33种。啄木鸟目过去也叫䴕形目。分子系统发育学研究表明，啄木鸟从旧大陆向新大陆迁移，在第四纪冰川作用下不断发生分布范围的扩张与收缩，在新旧大陆形成一些姊妹群，然后形成现存的系统发育分布格局。

● **分布情况**

　　除了南极洲、澳大利亚、新西兰和新几内亚岛以外，啄木鸟目成员几乎遍布世界各地，以南美和东南亚的物种多样性最为丰富。除啄木鸟科之外，其余科都主要分布于热带地区。中国分布最广最为常见的种类是大斑啄木鸟。

● **形态特征**

　　啄木鸟目成员的体型差异悬殊，最小的姬啄木鸟属体长仅约10厘米，而巨嘴鸟体长可达65厘

金喉拟啄木鸟。

学　　名：*Psilopogon franklinii*

英文名称：Golden-throated Barbet

科　　属：拟啄木鸟科　拟啄木鸟属

分布范围：西藏、云南、广西

保护级别：无危 [三有名录]

米。大家所熟悉的啄木鸟科成员具有强直如凿的喙，适宜于敲击树木；舌细长且能伸缩，有的种类其舌的长度可达喙长的 3 倍，并且舌端列生短钩，同时很多种类还具有发达的唾液腺，能够分泌粘性的唾液，用于粘连猎物。和鹦鹉目一样，大多数啄木鸟目成员具对趾足，即第 2、3 趾向前，第 1、4 趾向后。啄木鸟科种类的尾羽很有特色，两枚中央尾羽长而尖，羽轴硬而强健，富有弹性，在啄木时尾羽能够起到支撑身体的作用。与其他鸟类最先替换中央尾羽再依次向两侧的顺序不同，啄木鸟则是从中央尾羽的两侧开始替换，最后才替换支撑能力最强的中央尾羽。

● 生态习性

　　啄木鸟目的鸟类大多属于森林鸟类，为攀禽，在洞巢内繁殖后代。各种须䴕、拟啄木鸟取食果实、昆虫，以及小型两栖和爬行动物。巨嘴啄木鸟主要以各式水果为食。响蜜䴕食性很特殊，主要以蜂蜡为食。多数啄木鸟以昆虫为主要食物，也会取食种子、浆果、坚果等，有些种类还会主要以树木的汁液为食。很多雄性啄木鸟在繁殖期会通过敲击空心木桩来发出较大的带规律节奏的声响，以此宣示领域及吸引雌性。啄木鸟倾向于独自或成对活动。这可能与啄木鸟的脑比较小、冲击时间短，以及脑与头骨的接触面积大有关。啄木鸟在用喙敲击树干的时候，头部会承受很大的冲击力，研究表明它们脑部相对较小，敲击的冲击力会分散在相对较大的表面积上；同时，敲击的速率很快，使得冲击力持续的时间较短；最后，头部的定向性很好，使得每次敲击总维持在一条直线上，避免对脑部神经造成损伤。多数啄木鸟为留鸟，少数分布于温带的物种具有迁徙性。啄木鸟被称为"森林医生"或"森林卫士"，一只啄木鸟每天可取食 1500 至 3000 只虫子。

● 保护形势

　　中国分布的啄木鸟目鸟类，8 种被列为国家二级保护野生动物。影响它们种群数量和分布的重要因素包括栖息环境的恶化，森林面积的锐减，天然林的人为砍伐，全球气候变化等。

台湾拟啄木鸟 ●

学　　名：*Psilopogon nuchalis*
英文名称：Taiwan Barbet
科　　属：拟啄木鸟科 拟啄木鸟属
分布范围：中国特有鸟类，仅见于台湾
保护级别：无危

黄腰响蜜䴕。

学　　名: *Indicator xanthonotus*
英文名称: Yellow-rumped Honeyguide
科　　属: 响蜜䴕科 响蜜䴕属
分布范围: 西藏、云南
保护级别: 近危

斑姬啄木鸟。

学　　名: *Picumnus innominatus*
英文名称: Speckled Piculet
科　　属: 啄木鸟科 姬啄木鸟属
分布范围: 山东、河南、山西、陕西、甘肃、西藏、
　　　　　云南、四川、重庆、贵州、湖北、湖南、
　　　　　安徽、江西、江苏、上海、浙江、福建、
　　　　　广东、香港、广西
保护级别: 无危，"三有名录"

白眉棕啄木鸟。

学　　名：*Sasia ochracea*
英文名称：White-browed Piculet
科　　属：啄木鸟科 棕啄木鸟属
分布范围：西藏、云南、贵州、广东、广西
保护级别：无危，"三有名录"

小斑啄木鸟。

学　　名：*Dendrocopos minor*
英文名称：Lesser Spotted Woodpecker
科　　属：啄木鸟科 啄木鸟属
分布范围：新疆、黑龙江、吉林、辽宁、内蒙古、
　　　　　甘肃
保护级别：无危，"三有名录"

白背啄木鸟。

学　　名：*Dendrocopos leucotos*
英文名称：White-backed Woodpecker
科　　属：啄木鸟科 啄木鸟属
分布范围：黑龙江、吉林、辽宁、北京、河北、
　　　　　内蒙古、新疆、陕西、四川、重庆、
　　　　　江西、福建、台湾
保护级别：无危，"三有名录"

大斑啄木鸟。

学　　名：*Dendrocopos major*

英文名称：Great Spotted Woodpecker

科　　属：啄木鸟科 啄木鸟属

分布范围：新疆、黑龙江、吉林、辽宁、内蒙古、河北、山东、河南、
　　　　　山西、宁夏、甘肃、青海、西藏、云南、四川、贵州、湖北、
　　　　　安徽、江苏、上海、江西、浙江、广东、海南

保护级别：无危，"三有名录"

黑啄木鸟。

学　　名：*Dryocopus martius*
英文名称：Black Woodpecker
科　　属：啄木鸟科 黑啄木鸟属
分布范围：黑龙江、吉林、辽宁、北京、河北、内蒙古、
　　　　　山西、新疆、甘肃、西藏、青海、云南、四川
保护级别：无危，国家二级保护野生动物

大黄冠啄木鸟。

学　　名: *Chrysophlegma flavinucha*
英文名称: Greater Yellownape Woodpecker
科　　属: 啄木鸟科 绿啄木鸟属
分布范围: 西藏、云南、四川、江西、福建、
　　　　　广西、海南
保护级别: 无危，国家二级保护野生动物

FALCONIFORMES
隼形目

● 分类现状

    全世界有 1 科 11 属 64 种，中国分布有 1 科 2 属 12 种。隼形目鸟类属于昼行性猛禽，传统上曾长期跟鹰科一起置于隼形目当中。但是，近来的分子系统发育学证据表明隼类其实与鹦鹉的亲缘关系较近，而与鹰形目关系较远。在隼科隼属中，灰背隼首先分化出来，然后是红隼，接着是猎隼、红脚隼和燕隼。红隼可能算得上是我国最为常见的猛禽。分布广泛的游隼在全世界计有 18 个亚种之多。

● 分布情况

    除南极和少数岛屿外，全球广泛分布。中南美洲特有隼类较多，主要栖息于森林环境；亚欧大陆隼种类也较多，猎隼、灰背隼则在草原、荒漠这样的开阔生境栖居。

● 形态特征

    隼类的体型差别较大，介于 15 厘米至 60 厘米之间。分布于婆罗洲北部的白额小隼体长 14 厘米—16 厘米，仅比常见的树麻雀稍大，是最小的隼；最大的则当属生活于北半球高纬度地区的矛隼。隼类的体羽颜色较单调，大多为灰、灰褐或棕褐。

● 生态习性

    喙和脚爪强健有力，喙端具锋利的钩曲，爪尖而锐利，适于杀伤和撕扯猎物。隼类处于食物链的顶端，主要抓捕兔子、鼠、鸟、蜥蜴、蛇、昆虫等中小型动物。隼形目鸟类以高超的飞行能力著称，善在空中翱翔并扫描寻找地面猎物。一些隼类还能在空中直接捕获与自身体形相近的猎物。根据雷达实测数据进行的数学模型推演，表明游隼理论上的最大俯冲速度约 198—270 千米 / 小时。2005 年吉尼斯世界纪录收录了一只人工驯养游隼创造的速度纪录，这只个体乘飞机升到高空之后，根据训导员的指令向目标物发起俯冲，利用佩戴在它身上的仪器测到了时速达到了 389.46 千米 / 小时。有些隼类具有迁徙习性，红脚隼是已知迁徙最远的猛禽，从东北亚的繁殖地迁到非洲南部的越冬地，单程就可达 15000 千

红脚隼

学　名：*Falco amurensis*
英文名称：Amur Falcon
科　属：隼科　隼属
分布范围：除海南外，见于全国各省
保护级别：无危，国家二级保护野生动物

米。游隼在欧亚大陆上共有 5 条大的迁徙路线，这些路线自末次盛冰期（约 2 万至 3 万年前）以来，一直受到环境变化的影响，并与控制长期记忆的基因相关。

● 保护形势

　　中国的 12 种隼形目鸟类，猎隼和矛隼已被列为国家一级保护野生动物，其余 10 种均为国家二级保护野生动物。第二次世界大战后，以滴滴涕（DDT）为代表的有机氯农药被大量施用，结果通过生物富集现象导致像游隼这样的顶级捕食者产生了不正常的薄壳卵，无法正常繁殖，北美地区的游隼一度濒临灭绝。通过禁用滴滴涕农药和进行人工繁育，如今游隼再次飞扬在北美的上空。由于某些国家的鹰猎需求催生的非法盗猎，也严重影响到了隼类的野外种群。

红隼。

学　　名：*Falco tinnunculus*
英文名称：Commn Kestrel
科　　属：隼科 隼属
分布范围：见于各省
保护级别：无危，国家二级保
　　　　　护野生动物

灰背隼。

学　　名：*Falco columbarius*
英文名称：Merlin
科　　属：隼科 隼属
分布范围：黑龙江、吉林、辽宁、北京、天津、河
　　　　　北、山东、河南、陕西、内蒙古、甘肃、
　　　　　新疆、青海、云南、四川、重庆、贵州、
　　　　　湖北、湖南、安徽、江西、江苏、上海、
　　　　　浙江、福建、广东、广西、台湾
保护级别：无危，国家二级保护野生动物

燕隼。

学　　名：*Falco subbuteo*
英文名称：Eurasian Hobby
科　　属：隼科 隼属
分布范围：除香港、澳门外，见于各省
保护级别：无危，国家二级保护野生动物

鹰猎文化的受害者

　　猎隼是一种具有迁徙行为的猛禽，我国是世界上猎隼的重要繁殖地和越冬地。在非繁殖季节，它们常常在高原、山地、荒漠、草原等生境的开阔环境中活动。繁殖季节时，猎隼大多选择在人迹罕至悬崖峭壁上的缝隙、凹陷处筑巢，也有在树上筑巢或者直接利用其他鸟类的旧巢的情况。猎隼还有一个独特的行为，鲜有人注意到。我们知道，通常情况下猛禽不会集群营巢，但马鸣等人（2007）曾观察到，猎隼在繁殖期间会有一个松散的繁殖群。他和团队将其描述为"奇特的现象"。

　　提到猎隼，不得不聊一聊鹰猎文化。鹰猎是一种古老的技艺，指人类利用猛禽进行狩猎的活动，早在古埃及时代就已经存在了。这种文化曾在亚洲、欧洲、北美洲等地广泛流行。特别是在欧美地区，鹰猎更是作为一种嗜好，曾是贵族们用来彰显身份、互相交流的工具。他们甚至还成立了鹰猎协会，以方便爱好者联系和开展相关活动。2010 年，"鹰猎文化"被列入世界非物质文化遗产名录。

　　鹰猎要经过捕鹰、熬鹰、驯鹰、放鹰等多个步骤来完成。用来鹰猎的猎鹰，并不单指鹰形目鸟类，它其实代表了人们日常口语中所说的众多猛禽，比如金雕、游隼、矛隼。考虑到猛禽的分布、性格、食性、行为、体型等特点，猎隼是中东海湾地区最受追捧的猎鹰种类，也被认为是主人智慧与财富的象征。根据 2008 年的调查，一只品相上佳的猎隼在沙特首都利亚德竟能卖到 11 万美元的天价。高额利润驱使下，一些不法分子铤而走险，将魔爪伸向了猎隼。从 20 世纪 90 年代初开始，在我国境内非法捕捉猎隼并走私到国外的犯罪行为急剧上升，2001 年仅在中国与巴基斯坦边界的红

猎隼。

学　　名：*Falco cherrug*
英文名称：Saker Falcon
科　　属：隼科 隼属
分布范围：吉林、辽宁、北京、天津、河北、
　　　　　山东、河南、山西、内蒙古、宁夏、
　　　　　甘肃、新疆、西藏、青海、四川、
　　　　　会被、浙江
保护级别：濒危，国家一级保护野生动物

其拉甫口岸就抓获了 3000 个盗猎分子，缴获约 600 只猎隼。猎隼也因此成为了非法贸易导致野外种群数量严重下降物种的典型代表。据刘昌景等人（2019）报道，新疆、北京、上海、天津、浙江等是相关违法案件发生最多的地方，这也跟这些地方具有利于走私的海关口岸和大型机场、方便走私出口有关。而其盗猎源头——宁夏、青海、甘肃则是猎隼在我国重要的繁殖地。

其实，在古尔德先生心中，猎隼的英勇和速度均无法与其"兄弟"矛隼、游隼相比，并不是最理想的鹰猎鸟种。在他那个时代，欧洲人也确实更喜欢驯养矛隼、游隼，还有金雕等猛禽作为猎鹰。但不管怎样，猎隼从来都没有离开过人们的视线，并常常被鸟类学家描述为"帅气的""绝美的"鸟类。在古尔德的这幅猎隼图中，前景是一只雌鸟，远景中有一只幼鸟。他的朋友，德国鸟类学家赫尔曼·施莱格尔（Hermann Schlegel）曾描述过猎隼的行为：幼鸟在成熟前便离开鸟巢，跟随母亲四处飞翔。图中的幼鸟可能刚离巢 4 周—6 周，在这之后，它便要彻底离开母亲，独立生活了。

游隼 *babylonicus* 亚种。
学　　名：*Falco peregrinus babylonicus*
英文名称：Peregrine Falcon
科　　属：隼科 隼属
分布范围：新疆、青海、宁夏
保护级别：无危，国家二级保护野生动物

游隼 *peregrinator* 亚种。

学　　名：*Falco peregrinus peregrinator*
英文名称：Peregrine Falcon
科　　属：隼科 隼属
分布范围：山东、云南、四川、重庆、贵州、
　　　　　湖北、安徽、江西、江苏、上海、
　　　　　浙江、福建、广东、香港、澳门、
　　　　　广西、台湾
保护级别：无危，国家二级保护野生动物

PSITTACIFORMES

鹦鹉目

● **分类现状**

全世界有 3 科 88 属 386 种，其中以鹦鹉科种类最多，达 362 种；其次是凤头鹦鹉科，21 种；种类最少的是鸮鹦鹉科，仅 3 种。中国分布有 1 科 3 属 3 种。分子系统发育学证据显示，隼形目与鹦鹉目的亲缘关系最为接近。

● **分布情况**

广泛见于地球热带和亚热带地区，南半球的种类远比北半球丰富，分布中心在南美洲亚马逊河流域、东南亚马来群岛地区和澳大利亚。如今鹦鹉在我国的分布范围较小，云南现有种类最多。本书收录的大紫胸鹦鹉主要分布于我国，见于云南西部、西藏东南部和四川西南部。

● **形态特征**

喙短而强壮，喙端有钩曲，喙基部具蜡膜，上喙以关节与头部联接。鹦鹉为典型的攀禽，两趾向前，两趾向后，适宜于抓握树干树枝。许多种类羽色鲜艳，又善于模仿人讲话，常常被当作宠物饲养。南美洲的紫蓝金刚鹦鹉为现生鹦鹉中体长最长的种类，可达 1.2 米；最重的则是见于新西兰的鸮鹦鹉，可达 3 千克；最小的则是分布于新几内亚岛的棕脸侏鹦鹉，体长仅 8 厘米，重约 15 克。本书图中所示的为青头鹦鹉，头铅灰色，体长约 40 厘米，上喙红色但喙端为黄色。上体为黄绿色，翅上中覆

● **青头鹦鹉草图**

羽有一块明显的暗红色斑，下体喉部以下为淡黄绿色，中央尾羽特别延长。灰头鹦鹉外形与青头鹦鹉很相似，区别在于头部灰色较浅，体型稍小，尾羽更长，下体羽色更偏黄。

● 生态习性

多数鹦鹉主食果实、种子、嫩枝或嫩芽等，偶尔也取食昆虫。吸蜜鹦鹉食性比较特殊，主食花粉和花蜜，其舌尖也特化为毛刷状结构便于取食。鹦鹉常常以喙和足配合进食，会用一足握着食物，递入口中。大多数鹦鹉都营社群性生活，通常数十只成群活动，有时会多种混群组成上百只的大群，聚集时十分吵闹。鹦鹉也是洞巢鸟，在天然树洞或啄木鸟的啄洞内筑巢，雄鸟和雌鸟共同抚育幼鸟。鹦鹉是现生鸟类中已知的长寿种类，圈养条件下的鹦鹉最长寿命纪录超过了80岁。

● 保护形势

中国分布的9种鹦鹉，全部被列为国家二级保护野生动物。由于栖息地遭到人为活动破坏以及非法宠物贸易的影响，全世界约有超过四分之一的鹦鹉种类生存正面临严峻挑战。在国内早期进行的一项调查中发现，鸟市上遇见概率最大的10种鸟类里面就包括有花头鹦鹉、灰头鹦鹉、绯胸鹦鹉和大紫胸鹦鹉。主要见于我国的大紫胸鹦鹉由于分布区内森林曾遭大量砍伐，适宜营巢地面积大为减少；再加上严重的盗猎现象，其野外种群数量已呈逐年下降之势。

青头鹦鹉。

学　　名：*Psittacula himalayana*
英文名称：*Slaty-headed Parakeet*
科　　属：鹦鹉科　绯胸鹦鹉属
分布范围：西藏
保护级别：无危·国家二级保护野生动物

花头鹦鹉。

学　名：*Psittacula roseata*

英文名称：Blossom-headed Parakeet

科　属：鹦鹉科　绯胸鹦鹉属

分布范围：云南、广东、广西

保护级别：近危，国家二级保护野生动物

匹夫无罪怀璧其罪

鹦鹉科成员的共同特点是喙强健、呈钩状，利于剥食植物种子等食物；羽色艳丽；舌头肥厚而灵活，善于模仿声音；脚短且有力，善于攀爬。不过，它们体型大小不一，体长从 10 厘米至 100 厘米不等。大紫胸鹦鹉是它们中体形中等的成员，却是分布在我国境内体型最大的鹦鹉。目前，全世界共有 360 余种鹦鹉，广泛分布于澳洲界、东洋界和新热带界。我国已知记录有 9 种鹦鹉，大紫胸鹦鹉是唯一一种主要分布于我国的种类，也是唯一生活在高原地区的鹦鹉，常见于我国西藏东南部、云南、四川西部和广西西南部等地区的温带及寒温带高地。

大紫胸鹦鹉十分漂亮。它具有黄色的虹膜，灰色的脚，上体主要为绿色，尾羽细长且绿色和蓝色交相搭配。其最大的特点是，胸、腹等下体部位的羽毛呈葡萄紫色，这也是它名字的由来。雌鸟和雄鸟的外表相差不多，二者最明显的区别在于雌鸟喙是全黑色的，雄鸟的上喙为红色、下喙为黑色。

大紫胸鹦鹉不仅长相讨喜，还十分聪明。它善于模仿人类语言，能学会一些简单的技艺和互动动作。因此，自古以来它就是被人们笼养训练、当作宠物喂养的目标种类之一，自然也就成了非法盗猎的目标之一。由于非法捕捉和栖息地遭到破坏等原因，大紫胸鹦鹉在野外的数量正在不断减少，已被列入国际自然保护联盟（IUCN）《濒临物种红色名录》中。

云南普洱芒坝村曾启动大紫胸鹦鹉保护项目，联合当地社区、学校、自然保护区等力量宣传野生动物保护知识和理念。芒坝村村民亲切地称大紫胸鹦鹉为"鹦哥"，并自发成立了鹦鹉保护协会，制定村规民约，规范人们的行为，包括提高保护意识、禁止乱砍乱伐和盗猎、制作人工鸟巢等。数百只大紫胸鹦鹉在这里"安居乐业"，成了芒坝村的一张生态名片，一度引得众多游客、观鸟爱好者等慕名而来。

然而，当我们为局部保护行动的成功感到欣喜的同时，也要清醒地意识到大的生态环境恶化给这些野生动物所带来的负面影响无法避免。尤其是对于大紫胸鹦鹉这种

学　名： *Psittacula derbiana*
英文名称： Lord Derby's Parakeet
科　属： 鹦鹉科 绯胸鹦鹉属
分布范围： 西藏、云南、广西
保护级别： 近危 国家二级保护野生动物

分布范围狭窄且生境特殊的物种而言，生
境破碎化、栖息地丧失可能成为它致命的
危害。

　　这幅图中所绘的是一只大紫胸鹦鹉
雌鸟。

PASSERIFORMES
雀形目

● **分类现状**

　　全世界有 137 科 6308 种，即现生鸟类一半以上的种类都属于雀形目，是鸟纲当中最为繁盛的一目。中国分布有 55 科 234 属 817 种。雀形目由诞生于 7500 万年前冈瓦纳古陆的祖先种类进化而来，被认为是进化速度最快的陆生脊椎动物类群。它们在距今 4700 万年前的始新世中期开始了爆发性的适应性进化辐射，显示出了极强的适应性。雀形目鸟类物种多样性最高，占据着多种多样的生态位，其进化历史也极为复杂。

● **分布情况**

　　分布于除南极洲以外的所有大洲和大多数海洋岛屿，占据并适应几乎所有的陆地环境。

● **形态特征**

　　具三前一后的常态足，四趾均在一个平面，仅阔嘴鸟科种类的前趾基部愈合，其余各科的前趾都各自游离；初级飞羽 9 至 10 枚，尾羽多为 12 枚。雀形目鸟类具有发达且复杂的鸣管和鸣肌，善于鸣叫，因此也被称作"鸣禽"。不同种类体型差异很大，鸦科的渡鸦体长可达 60 厘米，红头长尾山雀体长仅约 10 厘米。雀形目鸟类外形变化相当大，各科之间的差异十分明显。

● **生态习性**

　　雀形目鸟类绝大多数都适应陆地生活，多数营树栖生活，还有些种类适应于较为干旱的草原或半荒漠地区环境，有的种类则呈现明显伴人而居的特点。它们的食性多样，多数种类或多或少杂食，以昆虫或其他小型动物，还有植物种子、果实、根、茎、叶等为食，也有些种类食性较为特化，如太阳鸟科成员主食花蜜。雀形目种类营巢的方式也是多种多样，大致可分为编织巢、洞巢、泥巢和叶巢四大类。满窝卵数及卵色具有种的特异性，鉴定种类时可以作为辅助的特征。雀形目为典型的晚成雏，刚刚孵出的雏鸟全身裸露，两眼尚未睁开，四肢柔弱无力，须经过亲鸟的精心饲育才会继续生长发育。

● 草地鹨草图

● **保护形势**

　　在 2021 年 2 月更新的中国重点保护野生动物名录当中，首次大幅度增强了对于雀形目种类的保护力度。目前已有黑头噪鸦、灰冠鸦雀、金额雀鹛、黑额山噪鹛、白点噪鹛、蓝冠噪鹛、黑冠薮（sǒu）鹛、灰胸薮鹛、棕头歌鸲、栗斑腹鹀（wú）和黄胸鹀这 11 种被列为了国家一级保护野生动物，另有 78 种被列为国家二级保护野生动物。由于人类生产活动、经济开发，以及工业革命以来过量排放二氧化碳等温室气体引发的气候变化，导致天然森林等重要栖息地的减少、破碎化，是导致雀形目鸟类生存受到威胁的主要原因。其次，人类对于鸟类的过度利用也给有些种类带来了严重影响。在过去三十年左右的时间内，曾经数量众多的黄胸鹀种群呈现断崖式下降就是不可持续的滥捕滥猎所导致的恶果。

蓝枕八色鸫。

学　　名：*Pitta nipalensis*
英文名称：Blue-naped Pitta
科　　属：八色鸫科 八色鸫属
分布范围：西藏、云南、广西
保护级别：无危，国家二级保护野生动物

蓝八色鸫。

学　　名：*Pitta cyanea*
英文名称：Blue Pitta
科　　属：八色鸫科 八色鸫属
分布范围：云南
保护级别：无危，国家二级保护野生动物

绿胸八色鸫。

学　　名：*Pitta sordida*
英文名称：Hooded Pitta
科　　属：八色鸫科 八色鸫属
分布范围：西藏、云南、四川
保护级别：无危，国家二级保护野生动物

仙八色鸫。

学　　名：*Pitta nympha*
英文名称：Fairy Pitta
科　　属：八色鸫科 八色鸫属
分布范围：河北、天津、山东、河南、甘肃、云南、贵州、
　　　　　湖北、湖南、安徽、江西、江苏、上海、浙江、
　　　　　福建、广东、香港、澳门、广西、海南、台湾
保护级别：易危，国家二级保护野生动物

蓝翅八色鸫 ●

学　名：Pitta moluccensis

英文名称：Blue-winged Pitta

科　　属：八色鸫科　八色鸫属

分布范围：甘肃、云南、广东、广西、海南、台湾

保护级别：无危．国家二级保护野生动物

自带"头盔"的鸟

长尾阔嘴鸟，分类上隶属于阔嘴鸟科。这个科的成员不多，一共只有7属9种，在我国分布有2属2种，长尾阔嘴鸟便是其中之一。顾名思义，阔嘴鸟科成员最显著的特征就是宽大的喙。相比之下，它体形不大，羽色艳丽，搭配微胖的身材，显得头大颈短，样子十分惹人喜爱。阔嘴鸟多栖息于葱郁而靠近溪流的森林地带，其中长尾阔嘴鸟主要生活在热带常绿阔叶林中靠近溪流和河谷的地方，在林间觅食植物、昆虫等。

1835年，苏格兰博物学家、地质学家罗伯特·詹姆森（Robert Jameson）对长尾阔嘴鸟进行了描述命名。罗伯特是查尔斯·达尔文在爱丁堡大学研修医学时的博物学教授。长尾阔嘴鸟的学名为 *Psarisomus dalhousiae*，其中属名中的 Psaros 表示有斑点的，soma 指身体，"有斑点的身体"大概形容的是长尾阔嘴鸟极富特色的头部配色吧。它的中文名则源于长长的楔形尾羽，而阔嘴鸟科其他成员的尾羽为短圆形。

雌性长尾阔嘴鸟和雄性长尾阔嘴鸟在外形上没有太大区别，羽色也相差无几。它们全身均以绿色为主，尾羽长且为蓝色。全身上下羽色搭配最巧妙的部位之一自然要数头部：喉部、脸颊和侧颈为亮黄色，头顶有蓝色斑块、头侧有黄色圆斑，其余头部羽毛以黑色为主，形似一款卡通头盔。总之，长尾阔嘴鸟颜值不低，常被观鸟爱好者视为亚洲热带鸟类的代表之一。

它的筑巢方式也别具一格。一般情况下，它会选用韧性较好的藤蔓、草根、茅草等巢材来筑巢，并且常常将鸟巢建造在临水的树枝上，向下垂挂着呈一个梨形。这个巢并不"精致"，远远看去就像是一团悬挂在树枝上的杂草，毫不起眼，看起来简陋无比。

长尾阔嘴鸟喜欢集群活动，在分布地属于留鸟，也就是说它常年在分布地区活动，不迁徙。目前，我国已知有长尾阔嘴鸟分布的地方包括西藏东南部、云南南部、贵州西南部、广西西南部等地。

从画作近景呈现的画面来看，古尔德先生想展现的应该是两只振翅欲飞的长尾阔嘴鸟。尽管他用了炮仗花、芭蕉等热带植物来表现长尾阔嘴鸟的生存环境，但成鸟并不十分自然的姿势和远景中身体羽色特征并不十分准确的幼鸟提醒我们，这并非源自野外写生，应是作者参照标本或其他画作所绘。

长尾阔嘴鸟 ◦

学　　名：*Psarisomus dalhousiae*
英文名称：Long-tailed Broadbill
科　　属：阔嘴鸟科　长尾阔嘴鸟属
分布范围：西藏、云南、贵州、广西
保护级别：无危　国家二级保护野生动物

银胸丝冠鸟。
学　　名：*Serilophus lunatus*
英文名称：Sliver-breasted Broadbill
科　　属：阔嘴鸟科 丝冠鸟属
分布范围：西藏、云南、广西、海南
保护级别：无危，国家二级保护野生动物

黑枕黄鹂。
学　　名：*Oriolus chinensis*
英文名称：Black-naped Oriole
科　　属：黄鹂科 黄鹂属
分布范围：除新疆、西藏、青海外，见于各省
保护级别：无危，"三有名录"

金黄鹂。
学　　名：*Oriolus oriolus*
英文名称：Eurasian Golden Oriole
科　　属：黄鹂科 黄鹂属
分布范围：新疆
保护级别：无危，"三有名录"

朱鹂指名亚种。

学　　名：*Oriolus traillii traillii*
英文名称：Maroon Oriole
科　　属：黄鹂科 黄鹂属
分布范围：西藏、云南、贵州
保护级别：无危，"三有名录"

朱鹂 *ardens* 亚种。

学　　名：*Oriolus traillii ardens*
英文名称：Maroon Oriole
科　　属：黄鹂科 黄鹂属
分布范围：中国特有亚种，仅见于台湾
保护级别：无危，"三有名录"

淡绿鹀（jú）鹛。
学　　名：*Pteruthius xanthochlorus*
英文名称：Green Shrike Babbler
科　　属：莺雀科 鹀鹛属
分布范围：陕西、甘肃、四川、重庆、云南、湖南、安徽、西藏
保护级别：无危

栗喉鹀鹛。
学　　名：*Pteruthius melanotis*
英文名称：Black-eared Shrike Babbler
科　　属：莺雀科 鹀鹛属
分布范围：西藏、云南、广西
保护级别：无危

红翅鸥鹛 ●

学　　名：*Pteruthius aeralatus*
英文名称：Blyth's Shrike Babbler
科　　属：莺雀科 鸥鹛属
分布范围：西藏、云南、四川、重庆、贵州、湖
　　　　　南、江西、浙江、福建、广东、海南
保护级别：无危

粉红山椒鸟 ●

学　　名：*Pericrocotus roseus*
英文名称：Rosy Minivet
科　　属：山椒鸟科 山椒鸟属
分布范围：山东、云南、四川、贵州、江西、浙江、广东、香港、广西
保护级别：无危，"三有名录"

小灰山椒鸟。

学　　名：*Pericrocotus cantonensis*
英文名称：Swinhoe's Minivet
科　　属：山椒鸟科 山椒鸟属
分布范围：河南、陕西、甘肃、四川、贵州、云南、重庆、湖北、湖南、安徽、江西、江苏、上海、浙江、福建、广东、香港、广西、海南
保护级别：无危，"三有名录"

灰喉山椒鸟指名亚种。

学　　名：*Pericrocotus solaris solaris*
英文名称：Grey-chinned Minivet
科　　属：山椒鸟科 山椒鸟属
分布范围：西藏、云南
保护级别：无危，"三有名录"

灰喉山椒鸟 *griseogularis* 亚种。

学　　名：*Pericrocotus solaris griseogularis*
英文名称：Grey-chinned Minivet
科　　属：山椒鸟科 山椒鸟属
分布范围：四川、重庆、贵州、湖北、湖南、安徽、江西、浙江、福建、广东、香港、广西、海南、台湾
保护级别：无危，"三有名录"

赤红山椒鸟。

学　　名：*Pericrocotus flammeus*
英文名称：Scarlet Minivet
科　　属：山椒鸟科 山椒鸟属
分布范围：海南
保护级别：无危，"三有名录"

灰燕鵙。

学　　名：*Artamus fuscus*
英文名称：Ashy Wood Swallow
科　　属：燕鵙科 燕鵙属
分布范围：云南、贵州、广东、广西、海南
保护级别：无危

寿带。

学　　名：*Terpsiphone incei*
英文名称：Amur Paradise-Flycatcher
科　　属：王鹟（wēng）科 寿带属
分布范围：除内蒙古、青海、新疆、西藏外，见于各省
保护级别：无危，"三有名录"

紫寿带 。
学　　名：*Terpsiphone atrocaudata*
英文名称：Japanese Paradise-Flycatcher
科　　属：王鹟科 寿带属
分布范围：辽宁、河北、山东、云南、贵州、湖南、江苏、上海、
　　　　　浙江、福建、广东、香港、澳门、广西、海南、台湾
保护级别：近危，"三有名录"

红背伯劳 。
学　　名：*Lanius collurio*
英文名称：Red-backed Shrike
科　　属：伯劳科 伯劳属
分布范围：新疆、香港、台湾
保护级别：无危，"三有名录"

黑额伯劳 。
学　　名：*Lanius minor*
英文名称：Lesser Grey Shrike
科　　属：伯劳科 伯劳属
分布范围：新疆
保护级别：无危，"三有名录"

灰伯劳。

学　　名：*Lanius excubitor*
英文名称：Great Grey Shrike
科　　属：伯劳科 伯劳属
分布范围：黑龙江、吉林、辽宁、北京、天津、河
　　　　　北、山西、内蒙古、新疆、宁夏、甘肃
保护级别：无危，"三有名录"

松鸦 *taivanus* 亚种。

学　　名：*Garrulus glandarius taivanus*
英文名称：Eurasian Jay
科　　属：鸦科 松鸦属
分布范围：中国特有亚种，仅见于台湾
保护级别：近危

台湾蓝鹊。

学　　名：*Urocissa caerulea*
英文名称：Taiwan Blue Magpie
科　　属：鸦科 蓝鹊属
分布范围：中国特有鸟类，仅见于台湾
保护级别：无危，"三有名录"

黄嘴蓝鹊。
学　　名：*Urocissa flavirostris*
英文名称：Yellow-billed Blue Magpie
科　　属：鸦科 蓝鹊属
分布范围：云南、西藏
保护级别：无危

红嘴蓝鹊。
学　　名：*Urocissa erythrorhyncha*
英文名称：Red-billed Blue Magpie
科　　属：鸦科 蓝鹊属
分布范围：辽宁、北京、河北、山东、河南、
　　　　　山西、内蒙古、宁夏、甘肃、新
　　　　　疆、西藏、云南、四川、湖北
保护级别：无危，"三有名录"

蓝绿鹊。
学　　名：*Cissa chinensis*
英文名称：Common Green Magpie
科　　属：鸦科 绿鹊属
分布范围：云南、广西、西藏
保护级别：无危，国家二级保护野生动物

喜鹊 *bactriana* 亚种 ◦

学　　名：*Pica pica bactriana*
英文名称：Common Magpie
科　　属：鸦科 鹊属
分布范围：新疆、西藏
保护级别：无危，"三有名录"

喜鹊 *leucoptera* 亚种 ◦

学　　名：*Pica pica leucoptera*
英文名称：Common Magpie
科　　属：鸦科 鹊属
分布范围：内蒙古
保护级别：无危，"三有名录"

喜鹊 *bottanensis* 亚种 ◦

学　　名：*Pica pica bottanensis*
英文名称：Common Magpie
科　　属：鸦科 鹊属
分布范围：甘肃、西藏、青海、云南、四川
保护级别：无危，"三有名录"

黑尾地鸦。

学　　名：*Podoces hendersoni*
英文名称：Mongolian Ground Jay
科　　属：鸦科 地鸦属
分布范围：宁夏、甘肃、内蒙古、新疆、青海
保护级别：无危，国家二级保护野生动物

白尾地鸦。

学　　名：*Podoces biddulphi*
英文名称：Xinjiang Ground Jay
科　　属：鸦科 地鸦属
分布范围：中国特有鸟类，新疆、甘肃
保护级别：近危，国家二级保护野生动物

星鸦

星鸦成鸟 ◎ 星鸦幼鸟 ◎

学　　名：*Nucifraga caryocatactes*
英文名称：Spotted Nutcracker
科　　属：鸦科 星鸦属
分布范围：黑龙江、吉林、辽宁、北京、河北、山东、
　　　　　河南、山西、陕西、内蒙古、宁夏、甘肃、
　　　　　新疆、西藏、云南、四川、湖北、台湾
保护级别：无危

红嘴山鸦

学　名：*Pyrrhocorax pyrrhocorax*
英文名称：Red-billed Chough
科　属：鸦科　山鸦属
分布范围：辽宁、北京、河北、山东、河南、山西、陕西、内蒙古、
宁夏、甘肃、新疆、西藏、青海、云南、四川、湖北
保护级别：无危

寒鸦。

学　　名：*Corvus monedula*
英文名称：Eurasian Jackdaw
科　　属：鸦科 鸦属
分布范围：新疆、西藏
保护级别：无危

秃鼻乌鸦。

学　　名：*Corvus frugilegus*
英文名称：Rook
科　　属：鸦科 鸦属
分布范围：黑龙江、吉林、辽宁、北京、天津、河北、山东、河
　　　　　南、山西、陕西、内蒙古、宁夏、甘肃、新疆、青
　　　　　海、云南、四川、重庆、湖北、湖南、安徽、江西、
　　　　　江苏、上海、浙江、福建、广东、香港、海南、台湾
保护级别：无危，"三有名录"

小嘴乌鸦。

学　　名：*Corvus corone*
英文名称：Carrion Crow
科　　属：鸦科 鸦属
分布范围：黑龙江、吉林、辽宁、北京、天津、河北、山东、河
　　　　　南、山西、陕西、内蒙古、宁夏、甘肃、新疆、青
　　　　　海、云南、四川、湖北、湖南、江西、上海、浙江、
　　　　　福建、广东、香港、海南、台湾
保护级别：无危

渡鸦。

学　　名：*Corvus corax*
英文名称：Common Raven
科　　属：鸦科 鸦属
分布范围：黑龙江、河北、内蒙古、宁夏、甘肃、
　　　　　新疆、青海、西藏、云南、四川
保护级别：无危，"三有名录"

火冠雀。

学　　名：*Cephalopyrus flammiceps*
英文名称：Fire-capped Tit
科　　属：山雀科 火冠雀属
分布范围：宁夏、甘肃、陕西、四川、西藏、
　　　　　云南、贵州、广西
保护级别：无危

冕雀。

学　　名：*Melanochlora sultanea*
英文名称：Sultan Tit
科　　属：山雀科 冕雀属
分布范围：云南、江西、福建、广西、海南
保护级别：无危，"三有名录"

棕枕山雀。
学　　名: *Periparus rufonuchalis*
英文名称: Rufous-naped Tit
科　　属: 山雀科 黑冠山雀属
分布范围: 新疆、西藏
保护级别: 无危

黑冠山雀。
学　　名: *Periparus rubidiventris*
英文名称: Rufous-vented Tit
科　　属: 山雀科 黑冠山雀属
分布范围: 西藏、云南、陕西、甘肃、青海、四川、等地
保护级别: 无危，"三有名录"

煤山雀。
学　　名: *Periparus ater*
英文名称: Coal Tit
科　　属: 山雀科 黑冠山雀属
分布范围: 新疆、宁夏、内蒙古、黑龙江、吉林、辽宁、北京、
　　　　　天津、河北、山东、山西、甘肃、西藏、云南、四
　　　　　川、贵州、江西、安徽、浙江、福建、台湾
保护级别: 无危，"三有名录"

黄腹山雀。

学　名：*Pardaliparus venustulus*
英文名称：Yellow-bellied Tit
科　属：山雀科　黄腹山雀属
分布范围：中国特有鸟类。黑龙江、吉林、北京、河北、山东、河南、山西、陕西、内蒙古、宁夏、青海、甘肃、四川、贵州、云南、湖北、湖南、江西、江苏、安徽、上海、浙江、福建、广东、香港、广西。
保护级别：无危。

褐冠山雀 。

学　　名：*Lophophanes dichrous*
英文名称：Grey-crested Tit
科　　属：山雀科 冠山雀属
分布范围：不丹、中国、印度、缅甸、尼泊尔中国境内，主要分布于
　　　　　西藏、四川、云南、陕西、甘肃、青海等地
保护级别：无危，"三有名录"

杂色山雀 。

学　　名：*Sittiparus varius*
英文名称：Varied Tit
科　　属：山雀科 赤腹山雀属
分布范围：吉林、辽宁、山东、安徽、江苏、上海、浙江、广东
保护级别：无危

沼泽山雀 。

学　　名：*Poecile palustris*
英文名称：Marsh Tit
科　　属：山雀科 沼泽山雀属
分布范围：西藏、新疆、内蒙古、黑龙江、吉林、辽宁、北京、
　　　　　天津、河北、山东、河南、山西、陕西、甘肃、四川、
　　　　　贵州、云南、湖北、江苏、安徽、上海
保护级别：无危，"三有名录"

地山雀。

学　　名: *Pseudopodoces humilis*
英文名称: Ground Tit
科　　属: 山雀科 地山雀属
分布范围: 四川、西藏、新疆、甘肃、宁夏、青海
保护级别: 无危

大山雀。

学　　名: *Parus cinereus*
英文名称: Cinereous Tit
科　　属: 山雀科 山雀属
分布范围: 黑龙江、吉林、辽宁、北京、天津、河北、山东、山西、陕
　　　　　西、内蒙古、宁夏、青海、甘肃、四川、重庆、贵州、云南、
　　　　　湖北、湖南、江西、江苏、安徽、上海、浙江、福建、广东、
　　　　　香港、广西、海南、台湾
保护级别: 无危,"三有名录"

眼纹黄山雀。

学　　名: *Machlolophus xanthogenys*
英文名称: Black-lored Tit
科　　属: 山雀科 黄山雀属
分布范围: 西藏
保护级别: 无危

黄颊山雀。

学　　名：*Machlolophus spilonotus*
英文名称：Yellow-cheeked Tit
科　　属：山雀科 黄山雀属
分布范围：西藏、云南、四川、贵州、湖南、江西、浙江、
　　　　　福建、广东、广西、海南
保护级别：无危，"三有名录"

中华攀雀。

学　　名：*Remiz consobrinus*
英文名称：Chinese Penduline Tit
科　　属：攀雀科 攀雀属
分布范围：黑龙江、吉林、辽宁、北京、天津、河北、河
　　　　　南、山东、陕西、内蒙古、宁夏、云南、湖
　　　　　北、湖南、江西、江苏、安徽、上海、浙江、
　　　　　福建、台湾、广东、香港、澳门、广西
保护级别：无危

歌百灵 。
学　　名：*Mirafra javanica*
英文名称：Horfield's Bush Lark
科　　属：百灵科 歌百灵属
分布范围：云南、广东、香港、广西
保护级别：无危，国家二级保护野生动物

草原百灵 。
学　　名：*Melanocorypha calandra*
英文名称：Calandra Lark
科　　属：百灵科 百灵属
分布范围：新疆
保护级别：无危

长嘴百灵 。
学　　名：*Melanocorypha maxima*
英文名称：Tibetan Lark
科　　属：百灵科 百灵属
分布范围：陕西、甘肃、新疆、西藏、青海、四川
保护级别：无危

大短趾百灵 。
学　　名：*Calandrella brachydactyla*
英文名称：Greater Short-toed Lark
科　　属：百灵科 短趾百灵属
分布范围：北京、天津、河北、山东、河南、山西、陕西、
　　　　　内蒙古、宁夏、青海、甘肃、新疆、西藏、云
　　　　　南、四川、江苏、上海、浙江、台湾
保护级别：无危

凤头百灵。

学　　名：*Galerida cristata*
英文名称：Crested Lark
科　　属：百灵科 凤头百灵属
分布范围：辽宁、北京、河北、山东、
　　　　　河南、山西、陕西、内蒙古、
　　　　　宁夏、甘肃、新疆、西藏、
　　　　　青海、四川、湖北、江苏
保护级别：无危

白翅百灵。
学　　名：*Alauda leucoptera*
英文名称：White-winged Lark
科　　属：百灵科 云雀属
分布范围：新疆
保护级别：无危

云雀。
学　　名：*Alauda arvensis*
英文名称：Eurasian Skylark
科　　属：百灵科 云雀属
分布范围：黑龙江、吉林、辽宁、北京、天津、河北、
　　　　　山东、河南、山西、陕西、内蒙古、宁夏、
　　　　　新疆、甘肃、湖北、湖南、安徽、江西、
　　　　　江苏、上海、浙江、福建、广东、香港、
　　　　　澳门、台湾
保护级别：无危，国家二级保护野生动物

文须雀。
学　　名：*Panurus biarmicus*
英文名称：Bearded Reedling
科　　属：文须雀科 文须雀属
分布范围：黑龙江、辽宁、北京、河北、山东、内蒙古、
　　　　　宁夏、甘肃、新疆、青海、上海
保护级别：无危

長尾縫葉鶯。

学　　名: *Orthotomus sutorius*
英文名称: Common Tailorbird
科　　属: 扇尾莺科 缝叶莺属
分布范围: 西藏、云南、贵州、湖南、江西、福建、
　　　　　广东、香港、澳门、广西、海南
保护级别: 无危

大苇莺。

学　　名：*Acrocephalus arundinaceus*
英文名称：Great Reed Warbler
科　　属：苇莺科 苇莺属
分布范围：内蒙古、甘肃、新疆、云南
保护级别：无危，"三有名录"

蒲苇莺。

学　　名：*Acrocephalus schoenobaenus*
英文名称：Sedge Warbler
科　　属：苇莺科 苇莺属
分布范围：内蒙古、新疆
保护级别：无危

鸲蝗莺。

学　　名：*Locustella luscinioides*
英文名称：Savi's Warble
科　　属：蝗莺科 蝗莺属
分布范围：新疆、云南
保护级别：无危

小蝗莺。

学　　名：*Locustella certhiola*
英文名称：Pallas's Grasshopper Warbler
科　　属：蝗莺科 蝗莺属
分布范围：黑龙江、吉林、辽宁、北京、天津、河北、河南、山东、山西、
　　　　　内蒙古、甘肃、新疆、青海、云南、湖北、湖南、江西、江苏、
　　　　　上海、浙江、福建、广东、香港、澳门、广西、海南、台湾
保护级别：无危

崖沙燕

崖沙燕成鸟 ❶。崖沙燕幼鸟 ❷。

学　　名：*Riparia riparia*

英文名称：Sand Martin

科　　属：燕科 沙燕属

分布范围：黑龙江、吉林、辽宁、北京、天津、河北、山东、河
　　　　　南、山西、陕西、内蒙古、宁夏、甘肃、新疆、西
　　　　　藏、青海、云南、四川、重庆、湖南、安徽、江西、
　　　　　江苏、上海、浙江、广东、香港、广西、海南、台湾

保护级别：无危，"三有名录"

家燕。
学　　名: *Hirundo rustica*
英文名称: Barn Swallow
科　　属: 燕科 燕属
分布范围: 见于各省
保护级别: 无危，"三有名录"

线尾燕。
学　　名: *Hirundo smithii*
英文名称: Wire-tailed Swallow
科　　属: 燕科 燕属
分布范围: 云南
保护级别: 无危

毛脚燕。

学　　名：*Delichon urbicum*
英文名称：Common House Martin
科　　属：燕科 毛脚燕属
分布范围：新疆、西藏、黑龙江、吉林、辽宁、北京、天津、河
　　　　　北、山东、河南、山西、陕西、内蒙古、云南、四
　　　　　川、重庆、湖北、江西、江苏、上海、广东、广西
保护级别：无危，"三有名录"

黑喉毛脚燕。

学　　名：*Delichon nipalense*
英文名称：Nepal House Martin
科　　属：燕科 毛脚燕属
分布范围：云南、西藏
保护级别：无危，"三有名录"

黄额燕。
学　　名：*Petrochelidon fluvicola*
英文名称：Streak-throated Swallow
科　　属：燕科 石燕属
分布范围：北京
保护级别：无危

凤头雀嘴鹎。

学　　名：*Spizixos canifrons*
英文名称：Crested Finchbill
科　　属：鹎科 雀嘴鹎属
分布范围：云南、四川、广西
保护级别：无危，"三有名录"

领雀嘴鹎。

学　　名：*Spizixos semitorques*
英文名称：Collared Finchbill
科　　属：鹎科 雀嘴鹎属
分布范围：河南、山西、陕西、甘肃、云南、四川、重庆、
　　　　　贵州、湖北、湖南、安徽、江西、上海、浙江、
　　　　　福建、广东、广西、台湾
保护级别：无危，"三有名录"

金腰燕。

学　　名：*Cecropis daurica*
英文名称：Red-rumped Swallow
科　　属：燕科 雀嘴鹎属
分布范围：除海南外，各省可见
保护级别：无危，"三有名录"

白头鹎。

<table>
<tr><td>学　　名：</td><td>*Pycnonotus sinensis*</td></tr>
<tr><td>英文名称：</td><td>Light-vented Bulbul</td></tr>
<tr><td>科　　属：</td><td>鹎科 鹎属</td></tr>
<tr><td>分布范围：</td><td>辽宁、北京、天津、河北、河南、山东、山西、陕西、甘肃、
青海、云南、四川、重庆、湖北、湖南、安徽、江西、江苏、
上海、浙江、福建、广东、香港、澳门、广西、海南</td></tr>
<tr><td>保护级别：</td><td>无危，"三有名录"</td></tr>
</table>

黑短脚鹎 •

学　　名：*Hypsipetes leucocephalus*
英文名称：Black Bulbul
科　　属：鹎科 短脚鹎属
分布范围：山东、安徽、江苏、上海、江西、浙江、福建、台
　　　　　湾、广东、香港、澳门、广西、西藏、陕西、云
　　　　　南、四川、贵州、重庆、湖南、湖北、河南、海南
保护级别：无危，"三有名录"

欧柳莺 •

学　　名：*Phylloscopus trochilus*
英文名称：Willow Warbler
科　　属：柳莺科 柳莺属
分布范围：内蒙古、新疆、青海
保护级别：无危

叽喳柳莺。

学　　名：*Phylloscopus collybita*
英文名称：Common Chiffchaff
科　　属：柳莺科 柳莺属
分布范围：河北、河南、新疆、青
　　　　　海、湖北、香港
保护级别：无危，"三有名录"

林柳莺。

学　　名：*Phylloscopus sibilatrix*
英文名称：Wood Warbler
科　　属：柳莺科 柳莺属
分布范围：新疆、西藏、云南
保护级别：无危，"三有名录"

黄眉柳莺。

学　　名：*Phylloscopus inornatus*
英文名称：Yellow-browed Warbler
科　　属：柳莺科 柳莺属
分布范围：除新疆外，见于各省
保护级别：无危，"三有名录"

灰腹地莺 ●

学　　名：*Tesia cyaniventer*
英文名称：*Grey-bellied Tesia*
科　　属：树莺科　地莺属
分布范围：西藏、云南、广西
保护级别：无危

栗头树莺。

学　名：Cettia castaneocoronata

英文名称：Chestnut-headed Tesia

科　　属：树莺科　树莺属

分布范围：西藏、云南、四川、贵州、广西

保护级别：无危

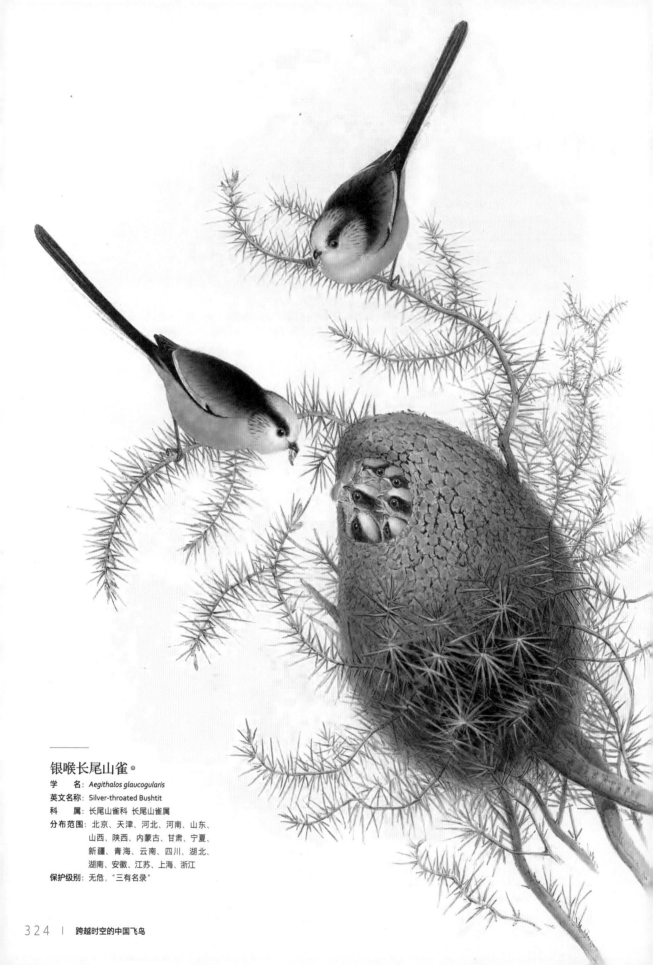

银喉长尾山雀。
学　　名: *Aegithalos glaucogularis*
英文名称: Silver-throated Bushtit
科　　属: 长尾山雀科 长尾山雀属
分布范围: 北京、天津、河北、河南、山东、
　　　　　山西、陕西、内蒙古、甘肃、宁夏、
　　　　　新疆、青海、云南、四川、湖北、
　　　　　湖南、安徽、江苏、上海、浙江
保护级别: 无危,"三有名录"

合作繁殖的集体主义者

由于在形态上与山雀十分相似，长尾山雀曾被划为山雀科的一个属。1967 年，英国鸟类学家斯诺（David William Snow）主张将长尾山雀从山雀科中分离出去，并首次建立起了长尾山雀科，这一分类建议得到了其后许多学者的支持。但是，人们对于哪些种类应当归入长尾山雀科却存有争议。按照世界鸟类学家联盟（IOU）的分类系统，目前全世界长尾山雀科共有 3 属 13 种，其中有 2 属 8 种见于我国境内。

长尾山雀属的银喉长尾山雀，在全世界计有 19 个亚种，其中我国分布有 3 个，即银喉长尾山雀指名亚种（*A.g. caudatus*）、*A.g. vinaceus* 亚种和 *A.g. glaucogularis* 亚种。*glaucogularis* 亚种为我国特有，主要分布在华中及华东地区，也有观点认为可将该亚种升为独立种（*A.glaucogularis*）。

银喉长尾山雀因喉部中央的银灰色斑而得名。它体形小而圆润，喙粗短，尾羽长，羽毛蓬松，外形呆萌可爱，被戏称为团子。除此之外，它还有一个别称叫十姐妹。这主要取自银喉长尾山雀喜欢集群活动的特性。

冬季时，银喉长尾山雀常由同种个体组成小群活动。此时，先由家庭成员组成家庭群，再慢慢发展为家庭间的混群，能形成几十只到上百只不等的规模，一般会统一活动。到了夏季，这样的集群会逐渐解散，雌雄之间形成配对开始独立活动。

银喉长尾山雀的集群活动被认为有利于它们进行合作繁殖。合作繁殖（cooperative breeding）在鸟类中并不常见，目前发现仅约 3% 的现生鸟种具有这一行为。它指的是在同一个种群当中，一些已经达到性成熟的个体会在最开始放弃自己的繁殖机会，延迟向外的扩散，帮助其他与自己有亲缘关系的个体（往往是父母）繁殖的现象。北京林业大学的李建强博士等在

2008—2013 年间对生
活于河南董寨国家级自
然保护区中的银喉长尾
山雀进行了持续观察和研
究。他们发现，每年银喉
长尾山雀的部分鸟巢中都会
有 1—4 个帮手来辅助育雏，
这有利于种群提高后代的存活
率，而这些帮手也通过帮助兄弟姐
妹更好地成长来提高了自己的广义适
合度。

　　银喉长尾山雀的巢十分精致，这
能在很大程度上帮助后代健康地成长。
首先，它对巢址的选取有一定的标
准，偏爱树冠层有树杈的地方。
然后，用蛛丝、鳞翅目昆
虫的茧丝等丝状物缠
粘苔鲜等自然物
来制作巢的外
壁。不仅
如　此，
它还会
挑选地衣、虫茧、
树皮、小树枝等与树干颜色
相近的物品来装饰鸟巢。远
远看去，这个椭球型或橄榄状的
鸟巢就好像是树上的树瘤一般。在巢的内
部，银喉长尾山雀会找来其他鸟种的羽毛编织成
柔软、暖和的内衬；还在出入口的地方放置 1—

● 银喉长尾山雀幼鸟

2根羽毛来进行遮挡。它将自己的鸟巢建造得既隐蔽安全又温暖舒适，可谓鸟类中的小小生活家。

幼鸟在离巢后，常常紧挨着整齐地站在一根较平直的树枝上，正如古尔德先生绘制的这幅《银喉长尾山雀幼鸟》图中展示的那样。幼鸟的这种行为主要是为了方便亲鸟喂食，又可以相互取暖。不过，这样的时间不会太长，一般2天后，幼鸟就要跟随父母离开巢区，组建成家族群一起活动了。

红头长尾山雀 •

学　名：*Aegithalos concinnus*
英文名称：Black-throated Tit
科　属：长尾山雀科 长尾山雀属
分布范围：山东、河南、陕西、内蒙古、甘肃、西藏、云南、四川、重庆、
　　　　　贵州、湖北、湖南、安徽、江西、江苏、上海、浙江、福建、
　　　　　广东、香港、广西、台湾
保护级别：无危，"三有名录"

棕额长尾山雀。
学　　名：*Aegithalos iouschistos*
英文名称：Rufous-fronted Bushtit
科　　属：长尾山雀科 长尾山雀属
分布范围：西藏
保护级别：无危

花彩雀莺。
学　　名：*Leptopoecile sophiae*
英文名称：White-browed Tit Warbler
科　　属：长尾山雀科 雀莺属
分布范围：新疆、甘肃、青海、四川、西藏
保护级别：无危

火尾绿鹛。
学　　名：*Myzornis pyrrhoura*
英文名称：Fire-tailed Mysornis
科　　属：莺鹛科 绿鹛属
分布范围：四川、云南、西藏
保护级别：无危

黑顶林莺 。

学　　名：*Sylvia atricapilla*
英文名称：Eurasian Blackcap
科　　属：莺鹛科　林莺属
分布范围：新疆
保护级别：无危

山鹛。
学　　名: *Rhopophilus pekinensis*
英文名称: Chinese Hill Babbler
科　　属: 莺鹛科 山鹛属
分布范围: 吉林、辽宁、北京、天津、河北、山东、河南、
　　　　　山西、陕西、内蒙古、宁夏、青海、新疆、甘肃
保护级别: 无危

红嘴鸦雀。

学　　名：*Conostoma aemodium*
英文名称：Great Parrotbill
科　　属：莺鹛科 鸦雀属
分布范围：陕西、甘肃、西藏、四川、云南、重庆、湖北
保护级别：无危，"三有名录"

褐鸦雀。

学　　名：*Cholornis unicolor*
英文名称：Brown Parrotbill
科　　属：莺鹛科 鸦雀属
分布范围：重庆、四川、云南、西藏
保护级别：无危，"三有名录"

棕头鸦雀。

学　　名：*Sinosuthora webbianus*
英文名称：Vinous-throated Parrotbill
科　　属：莺鹛科 鸦雀属
分布范围：黑龙江、吉林、辽宁、内蒙古、北京、天津、河北、
　　　　　河南、山东、山西、陕西、内蒙古、甘肃、云南、四
　　　　　川、重庆、贵州、湖北、湖南、江西、安徽、江苏、
　　　　　上海、浙江、福建、广东、香港、广西、台湾
保护级别：无危

褐翅鸦雀。

学　　名：*Sinosuthora brunnea*
英文名称：Brown-winged Parrotbill
科　　属：莺鹛科 鸦雀属
分布范围：四川、云南
保护级别：无危，"三有名录"

黄额鸦雀。

学　　名：*Suthora fulvifrons*
英文名称：Fulvous Parrotbill
科　　属：莺鹛科 鸦雀属
分布范围：陕西、四川、云南、西藏
保护级别：无危

黑喉鸦雀。

学　　名：*Suthora nipalensis*
英文名称：Black-throated Parrotbill
科　　属：莺鹛科 鸦雀属
分布范围：云南、西藏
保护级别：无危，"三有名录"

红头鸦雀。

学　　名：*Psittiparus ruficeps*
英文名称：White-breasted Parrotbill
科　　属：莺鹛科 鸦雀属
分布范围：西藏、云南
保护级别：无危，"三有名录"

灰头鸦雀。

学　　名：*Psittiparus gularis*
英文名称：Grey-headed Crowtit
科　　属：莺鹛科 鸦雀属
分布范围：陕西、云南、四川、重庆、贵州、湖北、
　　　　　湖南、安徽、江西、江苏、上海、浙江、
　　　　　福建、广东、广西、海南
保护级别：无危，"三有名录"

点胸鸦雀。

学　　名: *Paradoxornis guttaticollis*
英文名称: Spot-breasted Parrotbill
科　　属: 莺鹛科 鸦雀属
分布范围: 陕西、云南、四川、湖北、湖南、
　　　　　江西、浙江、福建、广东、广西
保护级别: 无危,"三有名录"

斑胸鸦雀。

学　　名：*Paradoxornis flavirostris*
英文名称：Black-breasted Parrotbill
科　　属：莺鹛科 鸦雀属
分布范围：西藏
保护级别：无危，"三有名录"

芦苇里的雅雀"花旦"

我国是鸦雀的主要分布区，境内分布有鸦雀 19 种之多。其中，震旦鸦雀是我国东部地区相对较为常见的鸦雀，堪比鸦雀中的"花旦"。它们为人所喜爱，其中一个原因便是其讨喜的外形。这种体型不大的鸟儿，身长约 20 厘米，全身羽色以黄褐色为主。蓬松而呈灰白色的颈部羽毛，使它们看起来好似穿着毛领大衣。再加上醒目的黑色眉纹，更显得其玲珑而优雅。

其名字中"震旦"一词，来源于古印度梵语对华夏之地的称呼。1872 年，法国动物学家谭卫道根据法国神父韩伯禄（Marie Heude）采自中国江苏南京附近的标本，描述命名了震旦鸦雀，并用韩伯禄的姓作为了该种的种本名 heudei 以示纪念。

震旦鸦雀属于留鸟，并不迁徙，这意味着它们的整个生命周期都在同一区域内完成。因此，其种群情况受栖息地健康状况等因素的影响很大。震旦鸦雀是一种强烈依赖于芦苇湿地生活的鸟类。1980 年之前仅在江苏、江西和浙江三省少数地点有过震旦鸦雀的记录，而 1980 年至今已在北起黑龙江佳木斯洪河湿地，南至安徽蚌埠沱湖湿地，我国东部多达 57 个具有适宜生境的地点都记录到了该种。

时常可见媒体上以"鸟中大熊猫"来形容震旦鸦雀，但无论以受胁状况（震旦鸦雀为近危 NT，而大熊猫是易危 VU）还是种群数量，震旦鸦雀都没有跟大熊猫相提并论的地方。当然了，我们也必须清醒地认识到震旦鸦雀所依赖的芦苇湿地很容易受到人类开发的影响，它们的种群数量仍在不断减少。

　　在这幅画作中，植物描绘得不够准确，但我们可以猜测古尔德先生想绘制的应该是芦苇。两只震旦鸦雀停栖在芦苇之上，它们粉黄色的爪紧握住植物的茎秆，神色专注。其中一只凝视着前方，另一只紧盯着空中的蜻蜓，好似在等待捕食的机会。跳出艺术创作，实际上震旦鸦雀的一生与芦苇都有着不解之缘。目前已知的震旦鸦雀的行为表明，它们几乎不到地面上活动，仅在芦苇丛中觅食。它们用强健的尖端呈弯钩状的黄色鸟喙啄开芦苇杆，然后趁机取食因惊吓而爬出来的躲藏在芦苇叶里的虫子，甚至直接剥开芦苇杆找虫子吃。不仅如此，震旦鸦雀还利用芦苇来筑巢。雌、雄鸟相互配合，将芦苇叶撕裂后缠绕在其他芦苇杆上来制作杯状的巢穴。这样的鸟巢极其隐蔽。雏鸟出生后，则利用周围的芦苇杆来练习生存本领。可以说，震旦鸦雀的一生几乎都在芦苇地中度过。

学　名：*Paradoxornis heudei*
英文名称：Reed Parrotbill
科　　属：莺鹛科 鸦雀属
分布范围：中国特有鸟类、内蒙古、黑龙江、辽宁、天津、山东、
河北、河南、湖北、安徽、江西、江苏、上海、浙江
保护级别：近危，国家二级保护野生动物

栗耳凤鹛。

学　　名：*Yuhina castaniceps*
英文名称：Striated Yuhina
科　　属：绣眼鸟科 凤鹛属
分布范围：陕西、云南、四川、重庆、贵州、湖北、湖南、
　　　　　安徽、上海、浙江、福建、广东、广西
保护级别：无危

白颈凤鹛。

学　　名：*Yuhina bakeri*
英文名称：White-naped Yuhina
科　　属：绣眼鸟科 凤鹛属
分布范围：云南、西藏
保护级别：无危

黄颈凤鹛。

学　　名：*Yuhina flavicollis*

英文名称：Whiskered Yuhina

科　　属：绣眼鸟科 凤鹛属

分布范围：云南、西藏

保护级别：无危

白领凤鹛。

学　　名：*Yuhina diademata*

英文名称：White-collared Yuhina

科　　属：绣眼鸟科 凤鹛属

分布范围：甘肃、陕西、云南、四川、重庆、贵州、湖北、湖南、广西等地

保护级别：无危

棕臀凤鹛。

学　　名：*Yuhina occipitalis*

英文名称：Rufous-vented Yuhina

科　　属：绣眼鸟科 凤鹛属

分布范围：云南、四川、西藏

保护级别：无危

红胁绣眼鸟。

学　　名：*Zosterops erythropleurus*
英文名称：Chestnut-flanked White-eye
科　　属：绣眼鸟科 绣眼鸟属
分布范围：除新疆、青海、海南、台湾外，见于各省
保护级别：无危，国家二级保护野生动物

暗绿绣眼鸟。

学　　名：*Zosterops japonicus*
英文名称：Japanese White-eye
科　　属：绣眼鸟科 绣眼鸟属
分布范围：辽宁、北京、天津、河北、山东、河南、山西、陕西、内蒙古、甘肃、云南、四川、重
　　　　　庆、贵州、湖北、湖南、安徽、江西、江苏、上海、浙江、福建、广东、香港、澳门、
　　　　　广西、海南、台湾
保护级别：无危、"三有名录"

斑胸钩嘴鹛。

学　　名：*Erythrogenys gravivox*
英文名称：Black-streaked Scimitar Babbler
科　　属：林鹛科 钩嘴鹛属
分布范围：河南、山西、陕西、甘肃、西藏、云
　　　　　南、四川、贵州、重庆、湖北
保护级别：无危

细嘴钩嘴鹛。

学　　名：*Pomatorhinus superciliaris*
英文名称：Slender-billed Scimitar Babbler
科　　属：林鹛科 钩嘴鹛属
分布范围：云南
保护级别：无危，"三有名录"

红头穗鹛。

学　　名：*Cyanoderma ruficeps*
英文名称：Rufous-capped Babbler
科　　属：林鹛科 穗鹛属
分布范围：河南、陕西、西藏、云南、四川、重庆、贵州、湖北、湖南、
　　　　　安徽、江西、浙江、福建、广西、广东、海南、台湾
保护级别：无危

黑颏穗鹛。
学　　名：*Cyanoderma pyrrhops*
英文名称：Black-chinned Babbler
科　　属：林鹛科 穗鹛属
分布范围：西藏
保护级别：无危

褐顶雀鹛。

学　　名：*Schoeniparus brunneus*
英文名称：Dusky Fulvetta
科　　属：幽鹛科 雀鹛属
分布范围：中国特有鸟类、陕西、甘肃、云南、四川、
　　　　　重庆、贵州、湖北、湖南、安徽、江西、
　　　　　浙江、福建、广东、广西、台湾、海南
保护级别：无危，"三有名录"

短尾鹩鹛。

学　　名：*Turdinus brevicaudatus*
英文名称：Streaked Wren Babbler
科　　属：幽鹛科 鹩鹛属
分布范围：云南、广西
保护级别：无危

纹胸鹩鹛。

学　　名：*Napothera epilepidota*
英文名称：Eyebrowed Wren Babbler
科　　属：幽鹛科 鹩鹛属
分布范围：西藏、云南、广西、海南
保护级别：无危

灰翅噪鹛。
学　　名：*Garrulax cineraceus*
英文名称：Moustached Laughingthrush
科　　属：噪鹛科 噪鹛属
分布范围：陕西、甘肃、云南、西藏、四川、重庆、贵州、湖北、湖南、
　　　　　安徽、江西、江苏、上海、浙江、福建、广东、广西
保护级别：无危，"三有名录"

斑背噪鹛。
学　　名：*Garrulax lunulatus*
英文名称：Barred Laughingthrush
科　　属：噪鹛科 噪鹛属
分布范围：中国特有鸟类，甘肃、陕西、四川、重庆、湖北
保护级别：无危，国家二级保护野生动物

眼纹噪鹛指名亚种。

学　　名：*Garrulax ocellatus ocellatus*

英文名称：Spotted Laughingthrush

科　　属：噪鹛科 噪鹛属

分布范围：西藏

保护级别：无危，国家二级保护野生动物

眼纹噪鹛 *artemisiae* 亚种。

学　　名：*Garrulax ocellatus artemisiae*

英文名称：Spotted Laughingthrush

科　　属：噪鹛科 噪鹛属

分布范围：中国特有亚种，甘肃、云南、四川、重
　　　　　庆、贵州、湖北

保护级别：无危，国家二级保护野生动物

白喉噪鹛。

学　　名：*Garrulax albogularis*

英文名称：White-throated Laughingthrush

科　　属：噪鹛科 噪鹛属

分布范围：陕西、甘肃、青海、云南、四川、
　　　　　重庆、贵州、湖北、湖南

保护级别：无危，"三有名录"

黑领噪鹛。

学　　名：*Garrulax pectoralis*
英文名称：Greater Necklaced Laughingthrush
科　　属：噪鹛科 噪鹛属
分布范围：陕西、甘肃、四川、云南、重庆、贵州、湖
　　　　　北、湖南、安徽、江西、江苏、上海、浙
　　　　　江、福建、广东、香港、澳门、广西、海南
保护级别：无危

黑喉噪鹛。

学　　名：*Garrulax chinensis*
英文名称：Black-throated Laughingthrush
科　　属：噪鹛科 噪鹛属
分布范围：云南、浙江、广东、澳门、广西、海南
保护级别：无危，国家二级保护野生动物

台湾白喉噪鹛。

学　　名：*Garrulax ruficeps*
英文名称：Rufous-crowned Laughingthrush
科　　属：噪鹛科 噪鹛属
分布范围：中国特有鸟类，台湾
保护级别：无危，"三有名录"

山噪鹛
林间的歌唱家

噪鹛是我国非常具有代表性的鸟类类群之一，噪鹛科的 135 个成员里面有 71 种见于中国，其中的 22 种为我国特有鸟类。

山噪鹛是我国境内分布最靠北的噪鹛。它由英国外交官、动物学家郇和于 1868 年命名，其模式标本采自中国北京。

19 世纪 50 年代至 70 年代，郇和作为外交官先后到我国台湾、厦门、宁波等地的领事馆任职。利用职务之便，他对当地的自然地理、生态环境进行了较为详细的考察。1863 年，郇和发表了最早一份有关中国鸟类的名录——《中国鸟类名录》(*A Revised Catalogue of the Birds of China and Its Islands, with Descriptions of New Species, References to Former Notes, and Occasional Remarks*)，当中记录了 454 种鸟类。1871 年，他又对其进行了重新修订，发表《中国鸟类名录修订版》，共收录 675 个鸟种。这被认为是最早全面记录中国鸟类的著作，反映了当时的人们对于华夏大地上飞羽精灵的认知。

虽然郇和在中国生活了长达 19 年的时间，也收集了不少鸟类标本，但他并非第一个采集到山噪鹛标本的人。1867 年 6 月 25 日，他收到法国神父谭卫道从北京寄来的信件，里面附有两只鸟的标本。他惊叹道："这两只鸟与我见过的所有中国鸟类都不同。"在征得神父的同意后，他根据神父的记录对这种鸟进行了描述和命名。

在描述山噪鹛时，郇和说："这一物种是谭卫道神父在北京周边的山区中发现的，并且十分常见。"1868 年，郇和从广州出发，前往北京及其周边地区考察，终于亲眼见到了自己命名

山噪鹛

学　名：*Garrulax davidi*

英文名称：Plain Laughingthrush

科　属：噪鹛科 噪鹛属

分布范围：中国特有鸟类：辽宁、河北、北京、天津、山东、河南、山西、陕西、内蒙古、甘肃、宁夏、青海、四川

保护级别：无危［三有名录］

的这种噪鹛。郇和记录道："这些鸟成小群活动，它们在山岭间的灌木丛中游荡，躲在树叶后不断鸣叫，以保持联系。"

1869 年，郇和将山噪鹛标本带回了英国，交给古尔德先生研究，并把自己有关山噪鹛的观察笔记也赠予了他。随后，古尔德根据郇和带回的标本和笔记，绘制成了我们现在所看到这幅插图。这幅图中的壳斗科植物和昆虫幼虫，反映了山噪鹛真实的野外生活环境、主要食物等信息。

正如图中展示的一样，山噪鹛雌鸟、雄鸟羽色相似，全身以灰褐色为主，喙部为浅黄色，长有十分发达的嘴须。

虽其貌不扬，但山噪鹛却十分善于鸣唱。雄鸟有着很强的鸣唱能力，鸣唱行为也较为复杂，它的鸣声变化多端而动听。相比而言，雌鸟的鸣唱就单调许多，主要用来与雄鸟保持联系、形成二重唱等。在全年的大部分时间中，已配对的雌、雄山噪鹛会在一起活动，常常在田地边、灌丛中、树枝间来回跳动，十分活泼。繁殖期内在遭遇其他山噪鹛侵入领域时，雌、雄鸟会一起协力赶走来犯者。山噪鹛这种二重唱、联合保护领域的行为在噪鹛科中比较普遍。

棕噪鹛。

学　　名：*Garrulax berthemyi*
英文名称：Buffy Laughingthrush
科　　属：噪鹛科 噪鹛属
分布范围：中国特有鸟类，四川、贵州、湖北、湖南、
　　　　　安徽、江西、江苏、浙江、福建、广东
保护级别：无危，国家二级保护野生动物

橙翅噪鹛。

学　　名：*Trochalopteron elliotii*
英文名称：Elliot's Laughingthrush
科　　属：噪鹛科 噪鹛属
分布范围：陕西、宁夏、青海、甘肃、云南、西
　　　　　藏、四川、重庆、贵州、湖北、湖南
保护级别：无危，国家二级保护野生动物

黑顶噪鹛指名亚种。

学　　名：*Trochalopteron affine affine*
英文名称：Black-faced Laughingthrush
科　　属：噪鹛科 噪鹛属
分布范围：西藏
保护级别：无危，"三有名录"

黑顶噪鹛 *blythii* 亚种。

学　　名：*Trochalopteron affine blythii*
英文名称：Black-faced Laughingthrush
科　　属：噪鹛科 噪鹛属
分布范围：甘肃、四川、重庆
保护级别：无危，"三有名录"

杂色噪鹛。

学　　名：*Trochalopteron variegatum*
英文名称：Variegated Laughingthrush
科　　属：噪鹛科 噪鹛属
分布范围：西藏
保护级别：无危，"三有名录"

红头噪鹛。

学　　名：*Trochalopteron erythrocephalum*
英文名称：Chestnut-crowned Laughingthrush
科　　属：噪鹛科 噪鹛属
分布范围：云南、西藏
保护级别：无危，"三有名录"

红翅噪鹛。

学　　名：*Trochalopteron formosum*
英文名称：Red-winged Laughingthrush
科　　属：噪鹛科 噪鹛属
分布范围：四川、云南
保护级别：无危，国家二级保护野生动物

斑胁姬鹛

学　　名：*Cutia nipalensis*
英文名称：Himalayan Cutia
科　　属：噪鹛科 姬鹛属
分布范围：西藏、云南、
　　　　　四川、湖北
保护级别：无危

蓝翅希鹛。

学　　名：*Siva cyanouroptera*
英文名称：Blue-winged Minla
科　　属：噪鹛科 希鹛属
分布范围：西藏、云南、四川、重庆、贵州、
　　　　　湖北、湖南、广东、广西、海南
保护级别：无危

斑喉希鹛。

学　　名：*Chrysominla strigula*
英文名称：Bar-throated Minla
科　　属：噪鹛科 希鹛属
分布范围：四川、云南、西藏
保护级别：无危

栗额斑翅鹛。

学　　名：*Actinodura egertoni*
英文名称：Rusty-fronted Barwing
科　　属：噪鹛科 斑翅鹛属
分布范围：西藏、云南
保护级别：无危

白睖斑翅鹛。
学　　名：*Actinodura ramsayi*
英文名称：Spectacled Barwing
科　　属：噪鹛科 斑翅鹛属
分布范围：云南、贵州、广西
保护级别：无危

纹头斑翅鹛。

学　　名：*Sibia nipalensis*
英文名称：Hoary-throated Barwing
科　　属：噪鹛科 斑翅鹛属
分布范围：西藏
保护级别：无危

纹胸斑翅鹛。

学　　名：*Sibia waldeni*
英文名称：Streak-throated Barwing
科　　属：噪鹛科 斑翅鹛属
分布范围：云南、西藏
保护级别：无危

银耳相思鸟。

学　　名：*Leiothrix argentauris*
英文名称：Silver-eared Mesia
科　　属：噪鹛科 相思鸟属
分布范围：贵州、云南、广西、西藏
保护级别：无危，国家二级保护野生动物

红嘴相思鸟。
学　　名：*Leiothrix lutea*
英文名称：Red-billed Leiothrix
科　　属：噪鹛科 相思鸟属
分布范围：河南、甘肃、陕西、西藏、云南、四川、
　　　　　重庆、贵州、湖北、湖南、安徽、江西、
　　　　　上海、浙江、福建、广东、澳门、广西
保护级别：无危，国家二级保护野生动物

栗背奇鹛。
学　　名：*Leioptila annectens*
英文名称：Rufous-backed Sibia
科　　属：噪鹛科 奇鹛属
分布范围：西藏、云南、广西
保护级别：无危

黑头奇鹛。
学　　名：*Heterophasia desgodinsi*
英文名称：Black-headed Sibia
科　　属：噪鹛科 奇鹛属
分布范围：陕西、云南、四川、贵州、湖北、
　　　　　湖南、广西
保护级别：无危

高山旋木雀。
学　　名：*Certhia himalayana*
英文名称：Bar-tailed Treecreeper
科　　属：旋木雀科 旋木雀属
分布范围：陕西、甘肃、西藏、青海、云南、四川、贵州
保护级别：无危

红腹旋木雀。
学　　名：*Certhia nipalensis*
英文名称：Rusty-flanked Treecreeper
科　　属：旋木雀科 旋木雀属
分布范围：西藏、云南
保护级别：无危

欧亚旋木雀。
学　　名：*Certhia familiaris*
英文名称：Eurasian Treecreeper
科　　属：旋木雀科 旋木雀属
分布范围：黑龙江、吉林、辽宁、北京、河北、
　　　　　山东、陕西、内蒙古、甘肃、青海、
　　　　　新疆、湖北
保护级别：无危

栗臀鸭（shī）[注]

学　　名：*Sitta nagaensis*
英文名称：Chestnut-vented Nuthatch
科　　属：鸭科 鸭属
分布范围：西藏、云南、四川、贵州、江西、福建、广西
保护级别：无危

栗腹鸭[注]

学　　名：*Sitta castanea*
英文名称：Chestnut-bellied Nuthatch
科　　属：鸭科 鸭属
分布范围：云南、西藏
保护级别：无危

白尾鸭[注]

学　　名：*Sitta himalayensis*
英文名称：White-tailed Nuthatch
科　　属：鸭科 鸭属
分布范围：西藏、云南
保护级别：无危

白脸䴓。

学　　名：*Sitta leucopsis*
英文名称：White-cheeked Nuthatch
科　　属：䴓科 䴓属
分布范围：陕西、青海、甘肃、四川、云南、西藏
保护级别：无危

丽䴓。

学　　名：*Sitta formosa*
英文名称：Beautiful Nuthatch
科　　属：䴓科 䴓属
分布范围：云南
保护级别：易危，国家二级保护野生动物

鹪鹩 nipalensis 亚种。

学名：*Troglodyte stroglodytes nipalensis*
英文名称：Eurasian Wren
科属：鹪鹩科 鹪鹩属
分布范围：西藏、云南
保护级别：无危

褐河乌。

学　　名：*Cinclus pallasii*
英文名称：Brown Dipper
科　　属：河乌科 河乌属
分布范围：除海南外，见于各省
保护级别：无危

河乌 *leucogaster* 亚种。

学　　名：*Cinclus cinclus leucogaster*
英文名称：White-throated Dipper
科　　属：河乌科 河乌属
分布范围：新疆
保护级别：无危

河乌 *cashmeriensis* 亚种。

学　　名：*Cinclus cinclus cashmeriensis*
英文名称：White-throated Dipper
科　　属：河乌科 河乌属
分布范围：西藏、云南
保护级别：无危

紫翅椋 (liáng) 鸟

紫翅椋鸟成鸟 ● 紫翅椋鸟幼鸟 ●

学　　名: *Sturnus vulgaris*

英文名称: Common Starling

科　　属: 椋鸟科 椋鸟属

分布范围: 黑龙江、辽宁、北京、天津、河北、山东、山西、陕西、
　　　　　内蒙古、宁夏、甘肃、新疆、西藏、青海、四川、湖北、
　　　　　湖南、安徽、江苏、上海、浙江、福建、广东、香港、广
　　　　　西、台湾

保护级别: 无危，"三有名录"

粉红椋鸟

粉红椋鸟成鸟 ◎ 粉红椋鸟幼鸟 ◎

学　　名：*Pastor roseus*

英文名称：Rosy Starling

科　　属：椋鸟科 椋鸟属

分布范围：内蒙古、甘肃、新疆、西藏、四川、
　　　　　江苏、福建、香港、澳门、台湾

保护级别：无危，"三有名录"

白眉地鸫。
学　　名: *Geokichla sibirica*
英文名称: Siberian Thrush
科　　属: 鸫科 鸫属
分布范围: 除宁夏、新疆、西藏、
　　　　　青海外，见于各省
保护级别: 无危，"三有名录"

蒂氏鸫。

学　　名：*Turdus unicolor*
英文名称：Tickell's Thrush
科　　属：鸫科 鸫属
分布范围：西藏
保护级别：无危

白颈鸫。

学　　名：*Turdus albocinctus*
英文名称：White-collared Blackbird
科　　属：鸫科 鸫属
分布范围：西藏、云南、四川、甘肃
保护级别：无危

灰翅鸫。

学　　名：*Turdus boulboul*
英文名称：Grey-winged Blackbird
科　　属：鸫科 鸫属
分布范围：陕西、甘肃、云南、四川、贵州、
　　　　　湖北、湖南、广东、广西
保护级别：无危

乌鸫。

学　　名：*Turdus mandarinus*
英文名称：Chinese Blackbird
科　　属：鸫科 鸫属
分布范围：北京、河北、山东、河南、山西、陕
　　　　　西、内蒙古、云南、甘肃、四川、重
　　　　　庆、贵州、湖北、湖南、江西、江苏、
　　　　　安徽、上海、浙江、福建、台湾、广
　　　　　东、香港、澳门、广西、海南
保护级别：无危

灰头鸫。

学　　名：*Turdus rubrocanus*
英文名称：Chestnut Thrush
科　　属：鸫科 鸫属
分布范围：陕西、宁夏、甘肃、西藏、青海、
　　　　　云南、贵州、四川、重庆、湖北
保护级别：无危

赤颈鸫。

学　　名：*Turdus ruficollis*
英文名称：Red-throated Thrush
科　　属：鸫科 鸫属
分布范围：黑龙江、吉林、辽宁、北京、河北、山东、山
　　　　　西、陕西、内蒙古、宁夏、甘肃、新疆、青海、
　　　　　云南、四川、重庆、湖北、上海、浙江、台湾
保护级别：无危

斑鸫。

学　　名：*Turdus eunomus*
英文名称：Dusky Thrush
科　　属：鸫科 鸫属
分布范围：除西藏外，见于各省
保护级别：无危，"三有名录"

白眉歌鸫。

学　　名：*Turdus iliacus*

英文名称：Redwing

科　　属：鸫科 鸫属

分布范围：新疆

保护级别：近危，"三有名录"

田鸫。
学　　名: *Turdus pilaris*
英文名称: Fieldfare
科　　属: 鸫科 鸫属
分布范围: 甘肃、内蒙古、新疆、青海
保护级别: 无危

槲鸫。
学　　名: *Turdus viscivorus*
英文名称: Mistle Thrush
科　　属: 鸫科 鸫属
分布范围: 新疆
保护级别: 无危

紫宽嘴鸫。
学　　名: *Cochoa purpurea*
英文名称: Purple Cochoa
科　　属: 鸫科 宽嘴鸫属
分布范围: 西藏、四川、贵州、云南
保护级别: 无危，国家二级保护野生动物

绿宽嘴鸫。
学　　名: *Cochoa viridis*
英文名称: Green Cochoa
科　　属: 鸫科 宽嘴鸫属
分布范围: 西藏、云南、福建
保护级别: 无危，国家二级保护野生动物

红喉歌鸲。
学　　名：*Calliope calliope*
英文名称：Siberian Rubythroat
科　　属：鸫科 红喉歌鸲属
分布范围：除西藏外，见于各省
保护级别：无危，国家二级保护野生动物

白须黑胸歌鸲。
学　　名：*Calliope tschebaiewi*
英文名称：Chinese Rubythroat
科　　属：鸫科 红喉歌鸲属
分布范围：甘肃、西藏、青海、云南、四川、重庆
保护级别：无危

新疆歌鸲。
学　　名：*Luscinia megarhynchos*
英文名称：Common Nightingale
科　　属：鸫科 歌鸲属
分布范围：新疆
保护级别：无危，国家二级保护野生动物

古尔德的短翅鸫

栗背短翅鸫

栗背短翅鸫 ●

学　名：*Heteroxenicus stellatus*
英文名称：Gould's Shortwing
科　属：鹟科 栗背短翅鸫属
分布范围：云南、西藏
保护级别：无危 『三有名录』

　　鹟科，被认为是鸟类分布在旧大陆最为繁盛的一个科，已知共有 51 个属 331 个种。该科成员属于小到中型鸣禽，善于飞行。它们大多具有扁平且基部渐宽的喙、发达的嘴须和强健的脚。它们善于飞行，喜欢生活在森林、灌丛、石滩、岩壁等环境中。在我国境内，分布有 24 属共 107 种鹟科鸟类。

　　过去，鹟科的分类一直都处于不断的争议和变化之中，长期困扰着鸟类分类学家。传统上的鹟科曾是雀形目中物种数量最多的一个科，分布于全世界，包含多达 1068 种。1910 年，德国鸟类学家哈特尔特（Hartert）主张将其再分为 4 个亚科，即鹟亚科、莺亚科、鸫亚科和画眉亚科。1987 年，我国学者郑作新等采纳了此分类建议，在《中国动物志》中也将鹟科按此划分。1988 年，美国学者西伯利（Charles G. Sibley）等人根据分子生物学技术得到的分析结果，将原来的鹟科划为 3 个科。其中，鹟类和鸫类合并为鹟科，莺类和鹛类合并为莺科，戴菊提升为戴菊科。1992 年，我国鸟类学家高玮等人将鹟亚科、莺亚科、鸫亚科和画眉亚科 4 个亚科分别提升为独立的科。2002 年，郑光美等学者又将原来的鹟科拆分成鹟科、鸫科、莺科、画眉科、戴菊科、鸦雀科等。

　　作为鹟科成员，栗背短翅鸫也经历过分类上的修订变动。该种的模式标本采自尼泊尔。1868 年，古尔德先生描述命名了这种可爱的小鸟。其最初的学名为 *Brachypteryx stellata*，*Brachypteryx* 意为翅膀短的。而后人将该种的英文名称作 Gould's

Shortwing，即"古尔德的短翅鸫"。2005年，依据最新的研究结果，人们将栗背短翅鸫从短翅鸫属（Brachypteryx）中独立为栗背短翅鸫属（Heteroxenicus）。2010年，根据分子遗传学方面的证据，该种从鸫科（Turdidae）归入了鹟科（Muscicapidae）。目前，栗背短翅鸫成为了单型属（即仅有一种）栗背短翅鸫属的唯一成员。

栗背短翅鸫尾短翅短，上体为鹟科当中不太常见的鲜艳栗红色，与下体的深灰色形成鲜明对比。该种体形较小，生性胆怯，常独自在竹林、灌丛等地面活动，比较隐蔽，因此很难见到，在我国境内主要分布在西藏、云南、四川等地的中高海拔山地森林、草甸、潮湿的河谷与溪流等环境中。

白腰鹊鸲 。

学　　名：*Kittacincla malabarica*
英文名称：White-rumped Shama
科　　属：鹟科　鹊鸲属
分布范围：西藏、云南、海南
保护级别：无危

鹊鸲 。

学　　名：*Copsychus saularis*
英文名称：Oriental Magpie Robin
科　　属：鹟科　鹊鸲属
分布范围：河南、陕西、甘肃、西藏、云南、四川、重庆、贵
　　　　　州、湖北、湖南、安徽、江西、江苏、上海、浙江、
　　　　　福建、广东、香港、澳门、广西、海南
保护级别：无危，"三有名录"

赭红尾鸲 。

学　　名：*Phoenicurus ochruros*
英文名称：Black Redstart
科　　属：鹟科　红尾鸲属
分布范围：新疆、西藏、青海、北京、河北、山东、山西、
　　　　　陕西、内蒙古、宁夏、甘肃、西藏、青海、云南、
　　　　　四川、贵州、湖北、广东、香港、海南、台湾
保护级别：无危

红腹红尾鸲 。

学　　名：*Phoenicurus erythrogastrus*
英文名称：White-winged Redstart
科　　属：鹟科　红尾鸲属
分布范围：黑龙江、吉林、河北、山东、山西、陕西、内蒙古、
　　　　　宁夏、甘肃、新疆、西藏、青海、云南、四川
保护级别：无危

欧亚红尾鸲。

学　　名：*Phoenicurus phoenicurus*
英文名称：Common Redstart
科　　属：鹟科 红尾鸲属
分布范围：新疆
保护级别：无危

台湾紫啸鸫。

学　　名：*Myophonus insularis*
英文名称：Taiwan Whistling Thrush
科　　属：鸫科 啸鸫属
分布范围：中国特有鸟类，仅见于台湾
保护级别：无危，"三有名录"

蓝大翅鸲。
学　　名：*Grandala coelicolor*
英文名称：Grandala
科　　属：鹟科 大翅鸲属
分布范围：青海、甘肃、西藏、云南、四川、重庆
保护级别：无危

小燕尾。
学　　名：*Enicurus scouleri*
英文名称：Little Forktail
科　　属：鹟科 燕尾属
分布范围：陕西、甘肃、西藏、云南、四川、重庆、贵州、湖北、湖南、江西、浙江、福建、广东、香港、台湾
保护级别：无危

白额燕尾。
学　　名：*Enicurus leschenaulti*
英文名称：White-crowned Forktail
科　　属：鹟科 燕尾属
分布范围：河南、山西、陕西、内蒙古、宁夏、甘肃、西藏、云南、四川、重庆、贵州、湖北、湖南、安徽、江西、江苏、上海、浙江、福建、广东、广西、海南
保护级别：无危

斑背燕尾指名亚种。

学　　名：*Enicurus maculatus maculatus*
英文名称：Spotted Forktail
科　　属：鹟科 燕尾属
分布范围：西藏
保护级别：无危

斑背燕尾 *guttatus* 亚种。

学　　名：*Enicurus maculatus guttatus*
英文名称：Spotted Forktail
科　　属：鹟科 燕尾属
分布范围：西藏、云南、四川、湖北、湖南
保护级别：无危

黑喉石鵖。

学　　名：*Saxicola maurus*
英文名称：Siberian Stonechat
科　　属：鹟科 石鵖属
分布范围：见于各省
保护级别：无危，"三有名录"

黑白林鸲。

学　　名: *Saxicola jerdoni*
英文名称: Jerdon's Bushchat
科　　属: 鹟科 石鸲属
分布范围: 云南
保护级别: 无危,"三有名录"

穗䳍。
学　　名:	*Oenanthe oenanthe*
英文名称:	Northern Wheatear
科　　属:	鹟科 䳍属
分布范围:	河北、山西、陕西、内蒙古、宁夏、新疆、浙江、台湾
保护级别:	无危

白顶䳍。
学　　名:	*Oenanthe pleschanka*
英文名称:	Pied Wheatear
科　　属:	鹟科 䳍属
分布范围:	辽宁、北京、天津、河北、河南、山西、陕西、内蒙古、宁夏、甘肃、新疆、青海、四川
保护级别:	无危

漠䳍。
学　　名:	*Oenanthe deserti*
英文名称:	Desert Wheatear
科　　属:	鹟科 䳍属
分布范围:	陕西、内蒙古、宁夏、甘肃、新疆、西藏、青海、四川、台湾
保护级别:	无危

东方斑䳭。
学　　名：*Oenanthe picata*
英文名称：Variable Wheatear
科　　属：鹟科 䳭属
分布范围：新疆
保护级别：无危

蓝矶鸫。
学　　名：*Monticola solitarius*
英文名称：Blue Rock Thrush
科　　属：鹟科 矶鸫属
分布范围：除青海外，见于各省
保护级别：无危

栗腹矶鸫。
学　　名：*Monticola rufiventris*
英文名称：Chestnut-bellied Rock Thrush
科　　属：鹟科 矶鸫属
分布范围：西藏、云南、四川、重庆、贵州、湖北、湖南、安徽、
　　　　　江西、江苏、上海、浙江、广东、香港、广西、海南
保护级别：无危

斑鹟。

学　　名：*Muscicapa striata*
英文名称：Spotted Flycatcher
科　　属：鹟科 鹟属
分布范围：新疆、云南、台湾
保护级别：无危

棕腹仙鹟。

学　　名：*Niltava sundara*
英文名称：Rufous-bellied Niltava
科　　属：鹟科 仙鹟属
分布范围：陕西、甘肃、西藏、云南、四川、重庆、贵
　　　　　州、湖北、湖南、江西、广东、广西、台湾
保护级别：无危

大仙鹟。
学　　名：*Niltava grandis*
英文名称：Large Niltava
科　　属：鹟科 仙鹟属
分布范围：甘肃、西藏、云南、广西
保护级别：无危，国家二级保护野生动物

小仙鹟。
学　名：*Niltava macgrigoriae*
英文名称：Small Niltava
科　属：鹟科 仙鹟属
分布范围：西藏、云南、贵州、湖南、江西、浙江、福建、广东、澳门、广西
保护级别：无危

戴菊。
学　名：*Regulus regulus*
英文名称：Goldcrest
科　属：戴菊科 戴菊属
分布范围：黑龙江、吉林、辽宁、北京、天津、河北、河南、山东、山西、陕西、内蒙古、宁夏、甘肃、西藏、青海、新疆、云南、四川、贵州、安徽、江西、江苏、上海、浙江、福建、台湾
保护级别：无危，"三有名录"

和平鸟。
学　名：*Irena puella*
英文名称：Asian Fairy Bluebird
科　属：和平鸟科 和平鸟属
分布范围：西藏、云南、广西
保护级别：无危，"三有名录"

蓝翅叶鹎。

学　　名：*Chloropsis cochinchinensis*
英文名称：Blue-winged Leafbird
科　　属：叶鹎科 叶鹎属
分布范围：云南、广西
保护级别：无危，"三有名录"

金额叶鹎。

学　　名：*Chloropsis aurifrons*
英文名称：Golden-fronted Leafbird
科　　属：叶鹎科 叶鹎属
分布范围：云南、西藏
保护级别：无危，"三有名录"

橙腹叶鹎。

学　　名：*Chloropsis hardwickii*
英文名称：Orange-bellied Leafbird
科　　属：叶鹎科 叶鹎属
分布范围：西藏、云南、四川、贵州、湖北、湖南、江西、
　　　　　浙江、福建、广东、香港、澳门、广西、海南
保护级别：无危，"三有名录"

朱背啄花鸟。

学　　名：*Dicaeum cruentatum*
英文名称：Scarlet-backed Flowerpecker
科　　属：啄花鸟科 啄花鸟属
分布范围：西藏、云南、江西、福建、广东、香港、澳门、广西、海南
保护级别：无危

紫花蜜鸟。

学　　名：*Cinnyris asiaticus*
英文名称：Purple Sunbird
科　　属：花蜜鸟科 双领花蜜鸟属
分布范围：云南
保护级别：无危，"三有名录"

红胸啄花鸟。

学　　名：*Dicaeum ignipectus*
英文名称：Fire-breasted Flowerpecker
科　　属：啄花鸟科 啄花鸟属
分布范围：河南、陕西、甘肃、西藏、云南、四川、贵州、湖北、湖南、江西、浙江、福建、广东、香港、澳门、广西、海南、台湾
保护级别：无危

蓝喉太阳鸟

古尔德夫人的太阳鸟

花蜜鸟科的成员在全世界共有 16 属 145 种，我国分布有 6 属 13 种。它们大多羽色鲜艳、体形纤小、喙部细长，雌雄异色，主要以花蜜为食，栖息于南方地区的森林地带。

我国分布有 6 种花蜜鸟科太阳鸟属成员，其中以蓝喉太阳鸟分布最为广泛，从喜马拉雅山到我国南方地区，从温带森林到亚热带、热带山地，都有它的身影。蓝喉太阳鸟在全世界有 4 个亚种，我国分布有 2 个，即生活在西藏东南部的指名亚种（*A.g. gouldiae*）和主要生活在陕西、甘肃、云贵川等地的 *A.g. dabryii* 亚种。

它曾多次以"桐花凤"的名字出现在我国古人的笔下。"家有五亩园，幺凤集桐花。"这是苏轼在《异鹊》一诗中描写家乡四川蓝喉太阳鸟的活动情况。李德裕在《画桐花凤扇赋并序》中写道："有灵禽五色，小于玄鸟，来集桐华，以饮朝露。"这记录了蓝喉太阳鸟的取食行为：桐花开时，蓝喉太阳鸟来到泡桐树上取食露水。实际上，蓝喉太阳鸟应该是在吸食花蜜。花蜜是花蜜鸟科成员的主要食物之一。

说到蓝喉太阳鸟的名字，就得提一提它的命名人——维格斯（Nicholas Aylward Vigors）。维格斯是爱尔兰动物学家和政治家。他基于五元系统（Quinarian System），推动了鸟类分类学的发展。1826 年，维格斯与朋友一起创建了伦敦动物学会，后来又创建了伦敦皇家昆虫学会。他一生中发表了 40 余篇论文，其中大部分都与鸟类学有关。维格斯描述命名过 110 种鸟类，还参与过古尔德先生创作《喜马拉雅山鸟类》的工作。

1831 年，维格斯以古尔德妻子伊丽莎白的名字命名了蓝喉太阳鸟。伊丽莎白是当时英国有名的鸟类艺术家、插画师。她为许多鸟类作品制作过插

蓝喉太阳鸟 ○

学　名：*Aethopyga gouldiae*

英文名称：Mrs. Gould's Sunbird

科　属：花蜜鸟科　太阳鸟属

分布范围：西藏、河南、陕西、甘肃、云南、四川、重庆、贵州、湖北、湖南、广东、香港、广西

保护级别：无危『三有名录』

图和石版画，这其中就包括古尔德出版的多部作品，以及达尔文的《"小猎犬"号科考动物志》。蓝喉太阳鸟的英文名（Mrs. Gould's Sunbird）意为古尔德夫人的太阳鸟，也是为了纪念她为博物学作出的卓越贡献。

　　在这幅图中有 2 只蓝喉太阳鸟指名亚种的雄鸟和 1 只雌鸟，其中一只雄鸟在吸食猪笼草的花蜜。为了更好地向读者展示蓝喉太阳鸟的形态、羽色、花纹特征，古尔德在这幅画中精心绘制了蓝喉太阳鸟的不同姿态。

绿喉太阳鸟。

学　　名：*Aethopyga nipalensis*
英文名称：Green-tailed Sunbird
科　　属：花蜜鸟科 太阳鸟属
分布范围：四川、云南、西藏
保护级别：无危，"三有名录"

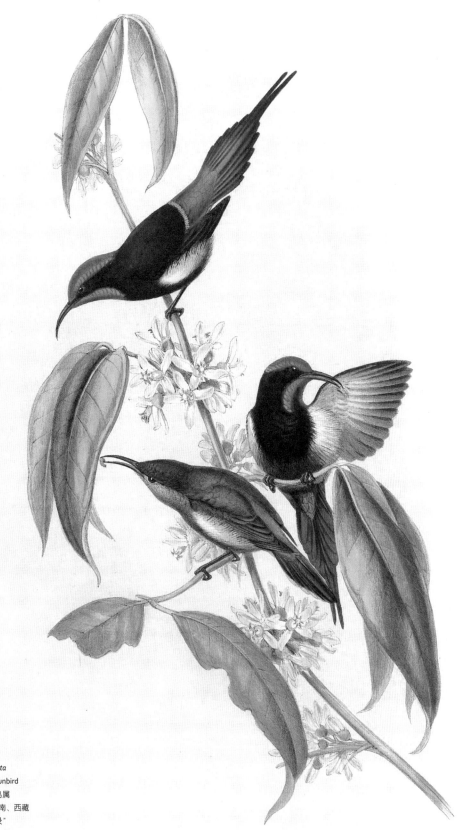

黑胸太阳鸟。
学　名：*Aethopyga saturata*
英文名称：Black-throated Sunbird
科　属：花蜜鸟科 太阳鸟属
分布范围：广西、贵州、云南、西藏
保护级别：无危，"三有名录"

黄腰太阳鸟。
学　　名：*Aethopyga siparaja*
英文名称：Crimson Sunbird
科　　属：花蜜鸟科 太阳鸟属
分布范围：云南、广西、广东
保护级别：无危，"三有名录"

火尾太阳鸟。
学　　名：*Aethopyga ignicauda*
英文名称：Fire-tailed Sunbird
科　　属：花蜜鸟科 太阳鸟属
分布范围：西藏、云南
保护级别：无危

领岩鹨 。

学　　名：*Prunella collaris*
英文名称：Alpine Acccentor
科　　属：岩鹨科 岩鹨属
分布范围：黑龙江、吉林、辽宁、北京、河北、山
　　　　　东、山西、陕西、内蒙古、四川、重
　　　　　庆、湖北、甘肃、西藏、云南
保护级别：无危

高原岩鹨 。

学　　名：*Prunella himalayana*
英文名称：Altai Accentor
科　　属：岩鹨科 岩鹨属
分布范围：新疆
保护级别：无危

鸲岩鹨。
学　　名：*Prunella rubeculoides*
英文名称：Robin Accentor
科　　属：岩鹨科 岩鹨属
分布范围：甘肃、青海、新疆、西藏、云南、四川
保护级别：无危

棕胸岩鹨。
学　　名：*Prunella strophiata*
英文名称：Rufous-breasted Accentor
科　　属：岩鹨科 岩鹨属
分布范围：河南、陕西、内蒙古、甘肃、西藏、青海、
　　　　　云南、四川、贵州、湖北、湖南
保护级别：无危

棕眉山岩鹨。
学　　名：*Prunella montanella*
英文名称：Siberian Accentor
科　　属：岩鹨科 岩鹨属
分布范围：黑龙江、吉林、辽宁、北京、天津、河北、山东、
　　　　　河南、山西、陕西、内蒙古、宁夏、青海、甘肃、
　　　　　四川、安徽、上海、台湾
保护级别：无危，"三有名录"

黑喉岩鹨。

学　　名：*Prunella atrogularis*

英文名称：Black-throated Accentor

科　　属：岩鹨科 岩鹨属

分布范围：陕西、内蒙古、新疆、西藏

保护级别：无危

栗背岩鹨。

学　　名：*Prunella immaculata*

英文名称：Maroon-backed Accentor

科　　属：岩鹨科 岩鹨属

分布范围：陕西、甘肃、西藏、青海、云南、四川、湖北

保护级别：无危

朱　鹀

青藏高原上的原住民

朱鹀，是生活在我国青藏高原东缘的一种小型雀形目鸟类，它自成一科，在全世界只有 1 属 1 种，是我国目前唯一的鸟类特有科。

实际上，学界对朱鹀的分类地位一直争议不断。在 2016 年之前，对于它的归属并没有一个令所有人信服的结论。

朱鹀的发现跟俄国军人尼古拉·米哈伊洛维奇·普尔热瓦尔斯基（Nikolay Mikhaylovich Przhevalsky）有关。普尔热瓦尔斯基热衷于探险，是当时俄国最负盛名的探险家。19 世纪 60 年代至 80 年代期间，他曾率队先后 4 次来到中国，深入内蒙古、新疆、青海等地进行考察。普尔热瓦尔斯基的历次考察恰逢英国与沙俄在亚洲争霸的高峰时期，他的行动也带有强烈的政治目的，但在探险途中凭借自己多年积累的博物学知识以及对丁白然的浓厚兴趣，普尔热瓦尔斯基确实也有了许多重要的生物学发现。朱鹀便是其中之一。

1876 年，普尔热瓦尔斯基依据在我国青海采集到标本，首次描述命名了朱鹀。他指出朱鹀喙的结构与鹀类（bunting）很像，而其鸣声又与其中的芦鹀相似。之后，苏什金（Petr Petrovich Sushkin，1927）的研究表明，朱鹀上腭的外部形态和解剖结构与鹀类极度相像，覆盖着坚硬的角质层。再加上，它粉红色的羽色与朱雀形似，因此很长时间内一直被认为是一种鹀或朱雀。

与此同时，有学者发现朱鹀仍然拥有第 10 枚初级飞羽，而

学　名：*Urocynchramus pylzowi*
英文名称：Pink-tailed Rosefinch
科　属：朱鹀科 鹀属
分布范围：中国特有鸟类· 甘肃· 青海· 四川· 西藏
保护级别：无危· 国家二级保护野生动物

朱鹀。

在其他所有鹀类或雀类当中这枚飞羽都已经退化。1918 年，多曼涅夫斯基（Janusz von Domaniewski）提出应将它单独列为一个科，即现在的朱鹀科。1968 年，彼得斯（James Lee Peters）也因这第 10 枚初级飞羽和它红色的尾羽与朱雀相异，而对将朱鹀归为朱雀一类提出疑议。1978 年，图斯（Richard Laurence Zusi）认为朱鹀眶间隔（interorbital septum）的特征与雀类（cardueline finches）不同。但尽管如此，当时他也没有更多的证据来证明或否认它们之间的确切关系。

随着分子技术的发展，研究者们开始得以从基因层面来研究朱鹀的分类地位。美国学者格罗思（Jeff G. Groth, 1998 & 2000）从博物馆的朱鹀标本上提取了 DNA，进行系统发育学分析。结果显示，它既不是朱雀也不是鹀，并且比雀形目中一些科的成员更古老。我国学者杨淑娟等人（2006），通过分子生物学研究发现，朱鹀与朱雀在分子遗传学水平上确实存在差异。上述研究者均建议应将朱鹀单独列为一科。

2016 年，中、德两国学者发表研究成果，认为朱鹀是迄今已知最为古老的青藏高原特有雀形目鸟类。至此，学界对朱鹀的分类地位之争算是尘埃落定，将朱鹀单列为一科的分类建议，得到广泛接受。然而，这个生活在高原上的小鸟是如何适应寒冷缺氧环境、繁殖行为怎样等问题我们至今仍知之甚少。

古尔德先生在图中绘制了 3 只朱鹀，它们站立在悬钩子上面。朱鹀雄鸟羽色以粉红色为主，雌鸟则主要为黄褐色。此时，我们回过头去看普尔热瓦尔斯基的众多发现，如普氏野马、普氏原羚、野骆驼，在当时都引起了巨大的社会轰动。但他应该万万没有想到，在之后漫长的 100 多年的时间里，众多学者为了朱鹀，这个他当时发现的 30 来个鸟类新种之一，也开展了从形态学到分子生物学的众多研究，着实令人感慨。

黑顶麻雀。
学　　名：*Passer ammodendri*
英文名称：Saxaul Sparrow
科　　属：雀科 雀属
分布范围：新疆、内蒙古、宁夏、甘肃、新疆
保护级别：无危

家麻雀。
学　　名：*Passer domesticus*
英文名称：House Sparrow
科　　属：雀科 雀属
分布范围：黑龙江、内蒙古、陕西、新疆、青海、四川、
　　　　　西藏、云南、广西
保护级别：无危

麻雀。
学　　名：*Passer montanus*
英文名称：Eurasian Tree Sparrow
科　　属：雀科 雀属
分布范围：见于各省
保护级别：无危

褐翅雪雀。

学　　名：*Montifringilla adamsi*
英文名称：Tibetan Snowfinch
科　　属：雀科 雪雀属
分布范围：新疆、青海、甘肃、西藏、四川
保护级别：无危

棕颈雪雀。

学　　名：*Pyrgilauda ruficollis*
英文名称：Rufous-necked Snowfinch
科　　属：雀科 雪雀属
分布范围：新疆、青海、甘肃、西藏、四川
保护级别：无危

山鹡鸰 [●]

学　　名：*Dendronanthus indicus*
英文名称：Forest Wagtail
科　　属：鹡鸰科 山鹡鸰属
分布范围：除西藏、新疆外，见于各省
保护级别：无危，"三有名录"

黄头鹡鸰 [●]

学　　名：*Motacilla citreola*
英文名称：Citrine Wagtail
科　　属：鹡鸰科 鹡鸰属
分布范围：黑龙江、吉林、辽宁、北京、天津、河北、山东、河南、山西、陕西、
　　　　　内蒙古、宁夏、青海、甘肃、新疆、西藏、云南、四川、贵州、湖北、
　　　　　湖南、安徽、江西、江苏、上海、浙江、福建、广东、香港、台湾
保护级别：无危，"三有名录"

灰鹡鸰

灰鹡鸰繁殖羽◦ 灰鹡鸰非繁殖羽◦

学　　名：*Motacilla cinerea*
英文名称：Gray Wagtail
科　　属：鹡鸰科 鹡鸰属
分布范围：见于各省
保护级别：无危，"三有名录"

白鹡鸰指名亚种。
学　　名：*Motacilla alba alba*
英文名称：White Wagtail
科　　属：鹡鸰科 鹡鸰属
分布范围：宁夏、青海、新疆、四川
保护级别：无危、"三有名录"

白鹡鸰 *personata* 亚种。
学　　名：*Motacilla alba personata*
英文名称：White Wagtail
科　　属：鹡鸰科 鹡鸰属
分布范围：甘肃、新疆、西藏、湖北
保护级别：无危、"三有名录"

田鹨。
学　　名：*Anthus richardi*
英文名称：Richard's Pipit
科　　属：鹡鸰科 鹨属
分布范围：除台湾外，见于各省
保护级别：无危、"三有名录"

平原鹨。

学　　名：*Anthus campestris*

英文名称：Tawny Pipit

科　　属：鹡鸰科 鹨属

分布范围：内蒙古、新疆

保护级别：无危，"三有名录"

草地鹨。

学　　名：*Anthus pratensis*

英文名称：Meadow Pipit

科　　属：鹡鸰科 鹨属

分布范围：辽宁、北京、内蒙古、甘肃、新疆

保护级别：近危，"三有名录"

林鹨。

学　　名：*Anthus trivialis*
英文名称：Tree Pipit
科　　属：鹡鸰科 鹨属
分布范围：陕西、内蒙古、宁夏、新疆、西藏、广西
保护级别：无危，"三有名录"

红喉鹨。

学　　名：*Anthus cervinus*
英文名称：Red-throated Pipit
科　　属：鹡鸰科 鹨属
分布范围：除宁夏、青海、西藏外，见于各省
保护级别：无危，"三有名录"

树鹨。
学　　名：*Anthus hodgson*
英文名称：Olive-backed Pipit
科　　属：鹡鸰科 鹨属
分布范围：见于各省
保护级别：无危，"三有名录"

苍头燕雀。
学　　名：*Fringilla coelebs*
英文名称：Common Chaffinch
科　　属：燕雀科 燕雀属
分布范围：黑龙江、吉林、辽宁、北京、天津、
　　　　　河北、山西、内蒙古、新疆、云南
保护级别：无危

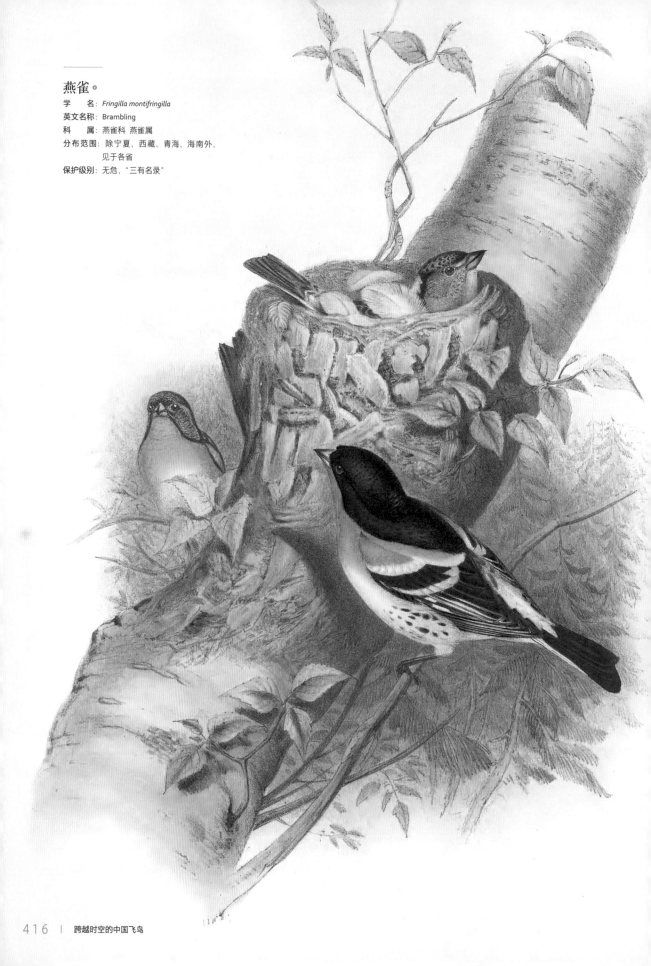

燕雀。

学　　名：*Fringilla montifringilla*
英文名称：Brambling
科　　属：燕雀科 燕雀属
分布范围：除宁夏、西藏、青海、海南外，
　　　　　见于各省
保护级别：无危，"三有名录"

黄颈拟蜡嘴雀。

学　　名：*Mycerobas affinis*
英文名称：Collared Grosbeak
科　　属：燕雀科 拟蜡嘴雀属
分布范围：陕西、甘肃、西藏、云南、四川
保护级别：无危

白斑翅拟蜡嘴雀。

学　　名：*Mycerobas carnipes*
英文名称：White-winged Grosbeak
科　　属：燕雀科 拟蜡嘴雀属
分布范围：陕西、内蒙古、宁夏、
　　　　　甘肃、新疆、西藏、青
　　　　　海、云南、四川、重庆
保护级别：无危

白点翅拟蜡嘴雀。

学　　名：*Mycerobas melanozanthos*
英文名称：Spot-winged Grosbeak
科　　属：燕雀科 拟蜡嘴雀属
分布范围：西藏、云南、四川、甘肃
保护级别：无危

锡嘴雀 •

学　　名：*Coccothraustes coccothraustes*
英文名称：Hawfinch
科　　属：燕雀科 锡嘴雀属
分布范围：除西藏、云南、海南外，见于各省
保护级别：无危，"三有名录"

黑尾蜡嘴雀 •

学　　名：*Eophona migratoria*
英文名称：Chinese Grosbeak
科　　属：燕雀科 蜡嘴雀属
分布范围：除宁夏、新疆、西藏、青海外，见于各省
保护级别：无危，"三有名录"

黑头蜡嘴雀 •

学　　名：*Eophona personata*
英文名称：Japanese Grosbeak
科　　属：燕雀科 蜡嘴雀属
分布范围：黑龙江、吉林、辽宁、北京、天津、河
　　　　　北、山东、河南、山西、陕西、内蒙古、
　　　　　甘肃、云南、四川、重庆、贵州、湖北、
　　　　　湖南、安徽、江西、江苏、上海、浙江、
　　　　　福建、广东、香港、广西、台湾
保护级别：无危，"三有名录"

松雀。

学　　名：*Pinicola enucleator*
英文名称：Pine Grosbeak
科　　属：燕雀科 松雀属
分布范围：黑龙江、吉林、辽宁、内蒙古、新疆
保护级别：无危，"三有名录"

褐灰雀。

学　　名：*Pyrrhula nipalensis*
英文名称：Brown Bullfinch
科　　属：燕雀科 灰雀属
分布范围：山东、陕西、西藏、云南、湖南、
　　　　　江西、福建、广东、广西、台湾
保护级别：无危，"三有名录"

红头灰雀。

学　　名：*Pyrrhula erythrocephala*
英文名称：Red-headed Bullfinch
科　　属：燕雀科 灰雀属
分布范围：西藏
保护级别：无危，"三有名录"

灰头灰雀。

学　　名：*Pyrrhula erythaca*
英文名称：Gray-headed Bullfinch
科　　属：燕雀科 灰雀属
分布范围：河北、河南、山西、陕西、宁夏、甘肃、西
　　　　　藏、青海、云南、四川、重庆、贵州、湖
　　　　　北、湖南、台湾
保护级别：无危，"三有名录"

红腹灰雀
红腹灰雀成鸟。红腹灰雀幼鸟。

学　　名：*Pyrrhula pyrrhula*
英文名称：Eurasian Bullfinch
科　　属：燕雀科 灰雀属
分布范围：黑龙江、吉林、辽宁、河北、
　　　　　山东、内蒙古、新疆
保护级别：无危，"三有名录"

红翅沙雀。

学　　名：*Rhodopechys sanguineus*
英文名称：Eurasian Crimson-winged Finch
科　　属：燕雀科 沙雀属
分布范围：新疆
保护级别：无危

蒙古沙雀。

学　　名：*Bucanetes mongolicus*
英文名称：Mongolian Finch
科　　属：燕雀科 沙雀属
分布范围：黑龙江、河北、内蒙古、宁夏、甘肃、新疆、
　　　　　西藏、青海、四川
保护级别：无危

巨嘴沙雀。

学　　名：*Rhodospiza obsoleta*
英文名称：Desert Finch
科　　属：燕雀科 沙雀属
分布范围：陕西、内蒙古、宁夏、甘肃、新疆、青海
保护级别：无危

高山岭雀。

学　　名：*Leucosticte brandti*
英文名称：Brandt's Mountain Finch
科　　属：燕雀科 岭雀属
分布范围：新疆、青海、甘肃、西藏、四川、云南
保护级别：无危

粉红腹岭雀。
学　　名：*Leucosticte arctoa*
英文名称：Asian Rosy Finch
科　　属：燕雀科　岭雀属
分布范围：黑龙江、吉林、辽宁、北京、
　　　　　河北、山东、内蒙古、新疆
保护级别：无危，"三有名录"

普通朱雀。

学　　名：*Carpodacus erythrinus*
英文名称：Common Rosefinch
科　　属：燕雀科 朱雀属
分布范围：黑龙江、吉林、辽宁、北京、天津、河北、山东、河南、
　　　　　山西、陕西、内蒙古、甘肃、青海、新疆、西藏、云南、
　　　　　四川、重庆、贵州、湖南、湖北、安徽、江西、江苏、
　　　　　上海、浙江、福建、广东、香港、广西、台湾
保护级别：无危，"三有名录"

血雀。

学　　名：*Carpodacus sipahi*
英文名称：Scarlet Finch
科　　属：燕雀科 朱雀属
分布范围：西藏、云南
保护级别：无危，"三有名录"

大朱雀。

学　　名：*Carpodacus rubicilla*
英文名称：Spotted Great Rosefinch
科　　属：燕雀科 朱雀属
分布范围：甘肃、新疆、西藏、青海
保护级别：无危，"三有名录"

长尾雀。

学　　名：*Carpodacus sibiricus*
英文名称：Long-tailed Rosefinch
科　　属：燕雀科 朱雀属
分布范围：黑龙江、吉林、辽宁、北京、河北、
　　　　　河南、山东、山西、陕西、内蒙古、
　　　　　甘肃、青海、新疆、西藏、云南、
　　　　　四川、重庆
保护级别：无危

红腰朱雀。

学　　名：*Carpodacus rhodochlamys*
英文名称：Red-mantled Rosefinch
科　　属：燕雀科 朱雀属
分布范围：新疆
保护级别：无危，"三有名录"

北朱雀。

学　　名：*Carpodacus roseus*
英文名称：Pallas's Rosefinch
科　　属：燕雀科 朱雀属
分布范围：黑龙江、吉林、辽宁、北京、天津、河北、山东、
　　　　　河南、山西、陕西、内蒙古、宁夏、甘肃、新疆、
　　　　　四川、重庆、湖北、安徽、江苏、浙江
保护级别：无危，国家二级保护野生动物

红眉金翅雀。

学　　名：*Callacanthis burtoni*
英文名称：Spectacled Finch
科　　属：燕雀科 金翅雀属
分布范围：西藏
保护级别：无危

黄嘴朱顶雀。

学　　名：*Linaria flavirostris*
英文名称：Twite
科　　属：燕雀科 金翅雀属
分布范围：内蒙古、宁夏、甘肃、青海、
　　　　　四川、新疆、西藏
保护级别：无危，"三有名录"

赤胸朱顶雀。

学　　名：*Linaria cannabina*
英文名称：Common Linnet
科　　属：燕雀科 金翅雀属
分布范围：新疆
保护级别：无危，"三有名录"

红交嘴雀。
学　　名：*Loxia curvirostra*
英文名称：Red Crossbill
科　　属：燕雀科 交嘴雀属
分布范围：黑龙江、吉林、辽宁、北京、天津、河北、
　　　　　山东、河南、山西、陕西、内蒙古、青海、
　　　　　新疆、宁夏、甘肃、湖南、江苏、上海
保护级别：无危，国家二级保护野生动物

白翅交嘴雀。

学　　名：*Loxia leucoptera*
英文名称：White-winged Crossbill
科　　属：燕雀科 交嘴雀属
分布范围：黑龙江、吉林、辽宁、北京、河北、内蒙古
保护级别：无危，"三有名录"

红额金翅雀。
学　名：*Carduelis carduelis*
英文名称：European Goldfinch
科　属：燕雀科 金翅雀属
分布范围：西藏、新疆、甘肃
保护级别：无危

黄雀。

学　　名：*Spinus spinus*
英文名称：Eurasian Siskin
科　　属：燕雀科 燕雀属
分布范围：除宁夏、西藏外，见于各省
保护级别：无危，"三有名录"

黄鹀 ₀

学　　名：*Emberiza citrinella*
英文名称：Yellowhammer
科　　属：鹀科 鹀属
分布范围：黑龙江、北京、河北、新疆
保护级别：无危，"三有名录"

白顶鹀。

学　名：*Emberiza stewarti*
英文名称：White-capped Bunting
科　属：鹀科 鹀属
分布范围：新疆
保护级别：无危

灰颈鹀。

学　　名：*Emberiza buchanani*
英文名称：Gray-necked Bunting
科　　属：鹀科 鹀属
分布范围：新疆
保护级别：无危，"三有名录"

圃鹀。

学　　名：*Emberiza hortulana*
英文名称：Ortolan Bunting
科　　属：鹀科 鹀属
分布范围：新疆
保护级别：无危，"三有名录"

栗耳鹀。

学　　名：*Emberiza fucata*
英文名称：Chestnut-eared Bunting
科　　属：鹀科 鹀属
分布范围：除青海、新疆外，见于各省
保护级别：无危，"三有名录"

小鹀。

学　　名：*Emberiza pusilla*
英文名称：Little Bunting
科　　属：鹀科 鹀属
分布范围：见于各省
保护级别：无危，"三有名录"

田鹀。

学　　名：*Emberiza rustica*

英文名称：Rustic Bunting

科　　属：鹀科 鹀属

分布范围：黑龙江、吉林、辽宁、北京、天津、河北、山东、河南、山西、陕西、内蒙古、宁夏、甘肃、新疆、云南、四川、重庆、湖北、湖南、安徽、江西、江苏、上海、浙江、福建、广东、香港、澳门、广西、台湾

保护级别：易危，"三有名录"

黄喉鹀。

学　　名：*Emberiza elegans*

英文名称：Yellow-throated Bunting

科　　属：鹀科 鹀属

分布范围：黑龙江、吉林、辽宁、北京、天津、河北、山东、河南、山西、陕西、内蒙古、宁夏、甘肃、新疆、云南、四川、重庆、湖北、湖南、安徽、江西、江苏、上海、浙江、福建、广东、香港、广西、台湾

保护级别：无危，"三有名录"

黑头鹀。

学　　名：*Emberiza melanocephala*
英文名称：Black-headed Bunting
科　　属：鹀科 鹀属
分布范围：新疆、云南、浙江、福建、台湾
保护级别：无危，"三有名录"

褐头鹀。

学　　名：*Emberiza bruniceps*
英文名称：Red-headed Bunting
科　　属：鹀科 鹀属
分布范围：新疆
保护级别：无危，"三有名录"

芦鹀。

学　　名：*Emberiza schoeniclus*
英文名称：Reed Bunting
科　　属：鹀科 鹀属
分布范围：黑龙江、吉林、辽宁、北京、天津、
　　　　　河北、山东、山西、陕西、内蒙古、
　　　　　甘肃、宁夏、青海、新疆、湖南、江
　　　　　西、江苏、上海、浙江、福建、广东、
　　　　　香港、澳门，广西，台湾
保护级别：无危，"三有名录"

喜鹊 *leucoptera* 亚种

后　记

约翰·古尔德（1804.9.14—1881.2.3）生于英国，是一位著名的鸟类学家、博物学家和艺术家，同时是杰出的动物手绘学家。在动物分类学领域，约翰·古尔德年少成名，26岁便出版了其第一部专著：《喜马拉雅山鸟类》。达尔文从加拉帕戈斯采集的鸟类标本，被送到约翰·古尔德手中，其对雀类标本鉴定后，发现了13个新的物种。古尔德先生一生著述颇丰，出版专著50余部，撰写数篇具有较高影响力的科学论文，手绘3000多幅鸟类学彩色图解。古尔德先生绘制的每幅图都体现了精益求精的细节，每幅图都凝集了古尔德对鸟的痴爱，每幅图都堪称经典艺术作品。他绘画的每种鸟，每根羽毛都臻以完美，每种姿态都栩栩如生，每种行为都惟妙惟肖，在抓住鸟儿的精髓和灵魂的同时，也让读者身临其境，仿佛鸟儿就在读者面前。

本书整理了古尔德及其团队绘制的中国鸟类共519种（530种及亚种），涵盖25目。在赏析古尔德先生的原书时，基于原画作的基础，我们依据现代的鸟类分类系统对鸟种进行了重新厘定，按照目级分类阶元编排，对每种鸟均标注和核实了中文名、学名、英文名称、科属、分布范围、保护级别等信息。在编译过程中，配合了"目"一级的文字简介，包括分类现状、分布情况、形态特征、生态习性和保护形势等部分，一方面，增加读者对这个类群鸟类有个总体的认知和了解；另一方面，希望融入的一些趣味性内容能够提升读者的鉴赏兴趣。值得注意的是，同一"目"的鸟类在种类上多种多样，在演化历史、形态和生态等方面也可能差别很大，因此，从"目"级分类

水平进行总体概况，并非易事，实际上极富挑战性。通过参考文献资料和咨询鸟类学专家，我们用较短的文字篇幅，尽可能准确地概述同一"目"鸟类的相似性，同时兼顾一些种属间的差异性和特异性。

物种保护级别，主要参考世界自然保护联盟（IUCN）发布的最新《濒危物种红色名录》，以及 2021 年最新调整发布的《国家重点保护野生动物名录》。借此信息，可供读者了解每种鸟的珍稀濒危状况，提升公众对国家重点保护野生鸟类的科学认知，达到科普宣教的目的。

本图集中鸟类在世界范围的分类与分布数据，以《世界鸟类分类与分布名录》（第二版）为依据；鸟类中文名、学名、英文名，以《中国鸟类分类与分布名录》（第三版）为依据，该分类系统在我国鸟类分类学家具有专业性和权威性，从而体现鸟类名称的规范化，便于专业人员使用。

在本书编译过程中，广西科学院朱磊博士、中国科学院西双版纳热带植物园环境教育中心的夏雪女士，为本书的出版付出了很多努力，并对本书的编校提出了宝贵建议。北京师范大学的董路教授，帮助核实部分鸟种及相关文稿内容，在此表示衷心的感谢。中国林业科学研究院湿地研究所的龚明昊和李惠鑫老师在文稿校对等方面给予了大力支持，李超等同学在搜集资料和编排参考文献等方面做了大量工作，在此谨致以诚挚的感谢。

限于编著者的知识水平，错误、遗漏和不当之处在所难免，还请各位读者朋友在使用过程中多加批评指正。

中国林科院湿地研究所副研究员
世界自然保护联盟（IUCN）鹑类专家组专家

参考文献

包新康，刘迺发，顾海军，等，2008.鸡形目鸟类系统发生研究现状［J］.动物分类学报，（04）：80-92.

陈艳，2015.以雁形目为主，探讨东亚—澳大利亚路线迁徙水鸟的潜在胁迫因素［D］.中国科学技术大学.

崔豹，2000.古今注［M］.沈阳：辽宁教育出版社.

丁晶晶，刘定震，李春旺，等，2012.中国大陆鸟类和兽类物种多样性的空间变异［J］.生态学报，32（2）：343-343.

丁平 等，2019.中国森林鸟类［M］.长沙：湖南科学技术出版社.

丁平，2002.中国鸟类生态学的发展与现状［J］.动物学杂志，（03）：71-80.

丁长青，张正旺，丁平，郑光美，2003.中国鸡形目鸟类的现状与保护对策［J］.生物多样性，11（5），414-421.

多米尼克·卡曾斯 等，2020.鸟类行为图鉴［M］.长沙：湖南科学技术出版社.

冯永军，胡慧建，蒋志刚，等，2006.物种与科属的数量关系——以中国鸟类为例［J］.动物学研究，27（6）：581-587.

高玮，1992.鸟类分类学［M］.长春：东北师范大学出版社.

郭瀚昭，2009.红脚鲣鸟从出飞至独立的转变过程［D］.中国科学技术大学.

国家林业和草原局农业农村部公告（2021年第3号）(国家重点保护野生动物名录) _ 林草政策 _ 国家林业和草原局政府网（forestry.gov.cn）

蒋爱伍，周放，覃玥，等，2012.中国大陆鸟类栖息地选择研究十年［J］.生态学报，（18期）：5918-5923.

雷富民，卢建利，刘耀，等，2002.中国鸟类特有种及其分布格局［J］.动物学报，048（5）：599-610.

雷富民，唐芊芊，安书成，2004.中国鸟类特有属物种分化与分布格局研究［J］.陕西师范大学学报（自然科学版），（S2）：104-114.

雷富民，杨岚，2009.中国鸟类的DNA分类及系统发育研究概述［J］.Zoological Systematics［动物分类学报（英文）］，（02）：309-315.

李庆伟，马飞，2007.鸟类分子进化与分子系统学［M］.北京：科学出版社.

李时珍，2015.本草纲目［M］.北京：光明日报出版社.

李志恒，张玉光，周忠和，2008.鸟类飞行起源的研究［J］.自然杂志，（01）：32-38.

刘昌景 等，2019.中国猎隼违法案件分析及防控对策研究［J］.野生动物学报，40（4）：1055—1062.

刘澈，郑成洋，张腾，等，2014.中国鸟类物种丰富度的地理格局及其与环境因子的关系［J］.北京大学学报（自然科学版），50（3）：429-438.

刘阳，陈水华，2021.中国鸟类观察手册［M］.长沙：湖南科学技术出版社.

罗杰·莱德勒 等，2020.常见鸟类的拉丁名［M］.重庆：重庆大学出版社.

马克·布拉齐尔，2020.东亚鸟类野外手册［M］.北京：北京大学出版社.

马鸣，等，2007.中国西部地区猎隼（Falcoc herrug）繁殖生物学与保护［J］.干旱区地理，30（5）：654—659.

潘晓雨，夏灿玮，张雁云，2016.鸟类羽色和鸣声演化速率的纬度变化［J］.生态学杂志，35（11）：3112-3117.

舒雪桐，2019.基于羽色的鸟类性选择特征研究［D］.辽宁大学.

孙工棋，张明祥，雷光春，2020.黄河流域湿地水鸟多样性保护对策［J］.生物多样性，28（12）：1469-1482.

孙悦华，潘超，2001.我国的鸦形目鸟类［J］.生物学通报，（03）：7-8.

徐海根，蔡蕾，崔鹏，等，2018.全国鸟类多样性观测网络（China BON-Birds）建设进展［J］.生态与农村环境学报，034（001）：1-11.

颜菁，赵欣如，1997.鹭科、鹳科与鹤科代表种类的野外识别［J］.生物学通报，32（4）：14-15.

杨灿朝，蔡燕，梁伟，2010.鸟类巢寄生伤害理论的进化［J］.生物学杂志，27（001）：76-79.

约翰·古尔德，2016.欧洲鸟类［M］.北京：北京理工大学出版社.

约翰·马敬能，等，2000.中国鸟类野外手册［M］.长沙：湖南教育出版社.

约翰·马敬能，卡伦·菲利普斯，何芬奇，2000.中国鸟类野外手册［M］.湖南：湖南教育出版社.

张成安，丁长青，2008.中国鸡形目鸟类的分布格局［J］.Zoological Systematics［动物分类学报（英文）］，33（2）：317-323.

张淑霞，杨岚，杨君兴，2004.近代鸟类分类与系统发育研究进展［J］.动物分类学报，29（4）：675-682.

张雁云，张正旺，董路，等，2016.中国鸟类红色名录评估［J］.生物多样性，24（5）：568-577.

张正旺，尹峰，李景瑞，2004.中国鸟类科学研究与保护进展［J］.科技和产业，（02）：31-36.

赵正阶，2001.中国鸟类志［M］.吉林科学技术出版社.

马志军，陈水华，2018.中国海洋与湿地鸟类［M］.长沙：湖南科学技术出版社.

郑光美，2021.世界鸟类分类与分布名录（第二版）［M］.北京：科学出版社.

郑光美，2017.中国鸟类分类与分布名录（第三版）

［M］.北京：科学出版社 .

郑光美，2012.鸟类学 .2 版［M］.北京：北京师范大学出版社 .

郑作新，等，1987.中国动物志·鸟纲，第十一卷［M］.北京：科学出版社 .

郑作新，2000.中国鸟类种和亚种分类名录大全［M］.北京：科学出版社 .

郑作新，2002.世界鸟类名称（第二版）［M］.北京：科学出版社 .

朱磊，贾陈喜，孙悦华，2012.中国柳莺属鸟类分类研究进展［J］.动物学杂志，47（3）：134–146.

朱磊，孙悦华，胡锦矗，2012.中国鸮形目鸟类分类现状［J］.四川动物，31（001）：170–175.

Alström P, Olsson U, Lei F, Wang HT, Gao W, Sundberg P,2008.Phylogeny and classification of the Old World Emberizini (Aves, Passeriformes). Molecular Phylogenetics Evolution,47(3):960-973.

Anderson D J , R E Ricklefs, 1987. Radio-tracking masked and blue-footed boobies (Sula spp.) in the Galapagos Islands. National Geographic Research, 3:152-163.

AØ Mooers, Vamosi S M , Schluter D , 1999. Using Phylogenies to Test Macroevolutionary Hypotheses of Trait Evolution in Cranes (Gruinae)[J]. American Naturalist,154(2):249-259.

Barker F K , Cibois A , Schikler P , et al , 2004. Phylogeny and diversification of the largest avian radiation[J]. Proceedings of the National Academy of Sciences, 101(30): 11040-11045.

Beckman E J , Witt C C , 2015. Phylogeny and biogeography of the New World siskins and goldfinches: Rapid, recent diversification in the Central Andes[J]. Molecular Phylogenetics and Evolution,87:28-45.

Benz BW, Robbins MB, Peterson AT,2006. Evolutionary history of woodpeckers and allies (Aves: Picidae): placing key taxa on the phylogenetic tree. Molecular Phylogenetics Evolution,40(2):389-399.

Blanco G, Hiraldo F, Rojas A, Dénes FV, Tella JL,2015. Parrots as key multilinkers in ecosystem structure and functioning. Ecology Evolution, 5(18):4141-4160.

Bright J A , J Marugán-Lobón , Cobb S N , et al , 2016. The shapes of bird beaks are highly controlled by nondietary factors. Proceedings of the National Academy of Sciences of the United States of America, 113(19):5352-5357.

Chen D, Hosner PA, Dittmann DL, et al,2021.Divergence time estimation of Galliformes based on the best gene shopping scheme of ultraconserved elements. BMC Ecology Evolution,21(1):209-239.

Claramunt S , Derryberry E P , Brumfield R T , et al , 2012. Ecological Opportunity and Diversification in a Continental Radiation of Birds: Climbing Adaptations and Cladogenesis in the Furnariidae[J]. American Naturalist, 179(5):649-666.

Collar N J , 2005. Handbook of the Birds of the World. Lynx Edicions, Barcelona.

Davies N B , Brooke M , 1991. Coevolution of the Cuckoo and its Hosts. Scientific American, 264 (264): 92-98.

del Hoyo , Josep , Elliott , Andrew , Sargatal , Jordi (eds. vol.1-7) and Christie , David A . (ed.vol.8-16), Handbook of Birds of the World. Barcelona, Spain. Lynx Edicions, 1992-2011.

Espinosa de los Monteros A,2000.Higher-level phylogeny of trogoniformes. Molecular Phylogenetics Evolution,14(1):20-34.

Feduccia A , 2003. 'Big bang' for tertiary birds?[J]. Trends in Ecology & Evolution, 18(4):172-176.

Groth J G , 2000. Molecular Evidence for the Systematic Position of Urocynchramus pylzowi. The Auk, 117 (3): 787-791.

Hosner P A , Braun E L , Kimball R T , 2016. Rapid and recent diversification of curassows, guans, and chachalacas (Galliformes: Cracidae) out of Mesoamerica: Phylogeny inferred from mitochondrial, intron, and ultraconserved element sequences[J]. Molecular Phylogenetics & Evolution,102:320-330.

Ignacio , Quintero , Walter, et al , 2018. Global elevational diversity and diversification of birds.[J]. Nature.

Isabella Tree , 1991. The Ruling Passion of John Gould: A Biography of the British Audubon. Grove Weidenfeld, New York.

IUCN 2021. The IUCN Red List of Threatened Species. Version 2021-1. https://www.iucnredlist.org

James , HARRIS , Claire , MIRANDE，2013. 全球鹤类现状、威胁及优先保护综述 (英文)[J]. 中国鸟类 : 英文版 (3 期):3189-209.

Jarvis E D , Mirarab S , Aberer A J , et al , 2014. [Special Issue Research Article] Whole-genome analyses resolve early branches in the tree of life of modern birds. Science, 346(6215):1320-1331.

John Gould , 1850-1883. THE BIRDS OF ASIA. The Author, London.

Jérme Fuchs , Johnson J A , Mindell D P , 2015. Rapid diversification of falcons (Aves: Falconidae) due to expansion of open habitats in the Late Miocene[J]. Molecular Phylogenetics and Evolution, 82:166-182.

Kane SA, Zamani M,2014. Falcons pursue prey using visual motion cues: new perspectives from animal-borne cameras. Journal Experiment Biology, 217(2):225-234.

Keith B F , Burns K J , John K , et al , 2013. Going to

Extremes: Contrasting Rates of Diversification in a Recent Radiation of New World Passerine Birds[J]. Systematic Biology, (2):298-320.

Ksepka D T , Stidham T A , Williamson T E , 2017. Early Paleocene landbird supports rapid phylogenetic and morphological diversification of crown birds after the K-Pg mass extinction[J]. Proceedings of the National Academy of ences, 114(30):201700188.

Kundu S , Jones C G , Prys-Jones R P , et al , 2012. The evolution of the Indian Ocean parrots (Psittaciformes): Extinction, adaptive radiation and eustacy[J]. Molecular Phylogenetics & Evolution, 62(1):296-305.

Liang W , Yang C , Wang L , et al , 2013. Avoiding parasitism by breeding indoors: cuckoo parasitism of hirundines and rejection of eggs. Behavioral Ecology and Sociobiology, 67(6): 913–918.

Liu G, Hu X, Shafer A.B.A. et al,2017.Genetic structure and population history of wintering Asian Great Bustard (Otis tarda dybowskii) in China: implications for conservation. Journal of Ornithology,158: 761–772.

Li R, Tian H, Li X,2010.Climate change induced range shifts of Galliformes in China [J]. Integrative Zoology,5(2):154-163.

Ma L, Yang C, Liu J, Zhang J, Liang W, Møller AP,2018. Costs of breeding far away from neighbors: Isolated host nests are more vulnerable to cuckoo parasitism. Behavioural Processes,157:327-332.

McCormack JE, Harvey MG, Faircloth BC, Crawford NG, Glenn TC, Brumfield RT,2013. A phylogeny of birds based on over 1,500 loci collected by target enrichment and high-throughput sequencing. PLoS One,8(1), e54848.

Moen , Morlon , 2014. From Dinosaurs to Modern Bird Diversity: Extending the Time Scale of Adaptive Radiation[J]. PLOS BIOL,12(5):01-12.

Nagy J , Tklyi, Jácint,2014. Phylogeny, Historical Biogeography and the Evolution of Migration in Accipitrid Birds of Prey (Aves: Accipitriformes) [J]. Ornis Hungarica,22(1):15-35.

Nelson J B , 1978. The Sulidae: Gannets and Boobies. Oxford University Press, Oxford.

Nikolenko E G , 2013. Conservation Status of the Steppe Eagle Should be Revised. Raptors Conservation,(26):15-17.

Olaf, Broders, Tim, et al , 2003. A mtDNA phylogeny of bustards (family Otididae) based on nucleotide sequences of the cytochrome b-gene[J]. Journal Für Ornithologie.

Oliveros C H, Andersen M J , Hosner P A , et al , 2019. Rapid Laurasian diversification of a pantropical bird family during the Oligocene-Miocene transition[J]. Ibis, 162 (1):137-152.

Pitra C, Lieckfeldt D, Frahnert S, Fickel J,2002. Phylogenetic relationships and ancestral areas of the bustards (Gruiformes: Otididae), inferred from mitochondrial DNA and nuclear intron sequences. Molecular Phylogenetics & Evolution,23(1):63-74.

Prum R O , Berv J S , Dornburg A , et al , 2015. A comprehensive phylogeny of birds (Aves) using targeted next-generation DNA sequencing. Nature, 526(7574):569-573.

Päckert M , et al , 2016. The phylogenetic relationships of Przevalski's Finch Urocynchramus pylzowi, the most ancient Tibetan endemic passerine known to date. Ibis, 158: 530-540.

Sangster G , P Alström , E Forsmark & U Olsson , 2010. Multi-locus phylogenetic analysis of Old World chats and flycatcher reveals extensive paraphyly at family, subfamily and genus level (Aves: Muscicapidae). Molecular Phylogenetics and Evolution, 57: 380-392.

Sarasola J H , Grande J M , Negro J J , 2018. Conservation Status of Neotropical Raptors.

Schreiber E A , R W Schreiber and G A Schenk , 1996. Red-footed booby (Sula sula). In A. Poole and F. Gill [eds.], The birds of North America, No. 241. The Academy of Natural Sciences, Philadelphia, PA, and The American Ornithologist's Union, Washington, DC.

Schweizer M , Hertwig S T , Seehausen O , et al , 2014. Diversity versus disparity and the role of ecological opportunity in a continental bird radiation. Journal of Biogeography, 41(7):1301-1312.

Serrano-Serrano M L , Rolland J , Clark J L , et al , 2017. Hummingbird pollination and the diversification of angiosperms: an old and successful association in Gesneriaceae[J]. Proc Biol, 284(1852):20162816.

Shannon J , Hackett , et al 2008. A Phylogenomic Study of Birds Reveals Their Evolutionary History. Science, 320 (5884): 1763-1768.

Sibley C G , J Ahlguist J E , Monroe Jr B L , 1988. A classification of the Living Bidrs of the World Based on DNA-DNA Hybridization Studies. The Auk, 105(3): 409-423.

Snow , D W , 1967. The families Aegithalidae, Remizidae and Paridae. Pp. 52-124. In: R.A. Paynter, Jr (Ed.). Check-list of Birds of the World. A continuation of the work of James L. Peters. XII: i-ix, 1-495. —Cambridge, Mass.

Sun Z , Tao P , Hu C , et al , 2017. Rapid and recent diversification patterns in Anseriformes birds: Inferred from molecular phylogeny and diversification analyses[J]. Plos One,12(9):e0184529.

The Bird that Paints Its Eggs with Bacteria , 2014. 3 MINUTE READ BY ED YONG PUBLISHED JUNE 27.

Thomas G H , Wills M A , T Székely , 2004. A supertree approach to shorebird phylogeny[J]. BMC Evolutionary Biology, 4:333-354.

Wang L, Zhang Y, Liang W, Møller AP,2021. Common cuckoo females remove more conspicuous eggs during parasitism. Royal Society Open Science,8(1):201264.

Weimerskirch H , M Le Corre , S Jaquemet and F Marsac , 2005a. Foraging strategy of a tropical seabird, the red-footed booby, in a dynamic marine environment. Marine Ecology Progress Series, 288: 251-261.

Winkler D W , S M Billerman , I J Lovette , 2020. Birds of the World (S. M. Billerman, B.K. Keeney , P G Rodewald, T S Schulenberg , Editors. Cornell Lab of Ornithology, Ithaca, NY, USA.

Wright TF, Schirtzinger EE, Matsumoto T, et al,2008.A multilocus molecular phylogeny of the parrots (Psittaciformes): support for a Gondwanan origin during the cretaceous. Molecular Biology Evolution,25(10):2141-2156.

Xia C, Liang W, Carey GJ, Zhang Y,2016. Song Characteristics of Oriental Cuckoo Cuculus optatus and Himalayan Cuckoo Cuculus saturatus and Implications for Distribution and Taxonomy. Zoological Studies,55:e38.

Yang C , Liang W , Antonov A , et al , 2012. Diversity of parasitic cuckoos and their hosts in China. Chinese Birds, 3(1): 9-32.

Yang R, Wu X, Yan P, Su X, Yang B,2010. Complete mitochondrial genome of Otis tarda (Gruiformes: Otididae) and phylogeny of Gruiformes inferred from mitochondrial DNA sequences. Molecular Biology Report,37(7):3057-3066.

索　引

黑水鸡 113

黑头角雉 032

黑头蜡嘴雀 419

黑头奇鹛 361

黑头鸭 442

黑尾塍鹬 132

黑尾地鸦 291

黑尾蜡嘴雀 419

黑苇鳽 194

黑兀鹫 205

黑鹇 036

黑胸太阳鸟 399

黑雁 049

黑枕黄鹂 278

黑枕燕鸥 159

黑啄木鸟 254

红背伯劳 285

红翅鸥鹛 281

红翅沙雀 423

红翅噪鹛 354

红额金翅雀 435

红腹红尾鸲 382

红腹灰雀 423

红腹角雉 033

红腹锦鸡 042

红腹旋木雀 363

红喉歌鸲 378

红喉鹨 414

红喉潜鸟 168

红喉雉鹑 023

红交嘴雀 432

红角鸮 217

红脚鲣鸟 186

红脚鹬 135

红脚隼 257

红颈瓣蹼鹬 148

红眉金翅雀 430

红头长尾山雀 328

红头灰雀 421

红头潜鸭 061

红头穗鹛 344

红头鸦雀 334

红头咬鹃 231

红头噪鹛 354

红尾鸫 166

红胁绣眼鸟 342

红胸角雉 032

红胸秋沙鸭 066

红胸啄花鸟 395

红腰朱雀 429

红隼 258

红嘴巨燕鸥 157

红嘴蓝鹊 288

红嘴鸥 152

红嘴山鸦 293

红嘴相思鸟 361

红嘴鸦雀 332

椋鸫 377

花彩雀莺 329

花头鹦鹉 267

花尾榛鸡 018

环颈鸻 129

环颈雉 041

鹦嘴鹎 124

黄额鸦雀 333

黄额燕 316

黄腹角雉 033

黄腹山雀 297

黄喉蜂虎 243

黄喉鹀 441

黄颊山雀 301

黄脚三趾鹑 150

黄颈凤鹛 341

黄颈拟蜡嘴雀 417

黄眉柳莺 321

黄雀 436

黄头鹊鸲 410

黄鹂 437

图书在版编目（CIP）数据

跨越时空的中国飞鸟：约翰·古尔德的鸟类手绘图
鉴 /（英）约翰·古尔德绘；刘刚，夏雪编著 . -- 北京：
金城出版社有限公司 , 2022.6
ISBN 978-7-5155-2292-0

Ⅰ . ①跨… Ⅱ . ①约… ②刘… ③夏… Ⅲ . ①鸟类 −
中国 − 图集 Ⅳ . ① Q959.708-64

中国版本图书馆 CIP 数据核字（2021）第 259681 号

跨越时空的中国飞鸟：约翰·古尔德的鸟类手绘图鉴

绘　　者　[英] 约翰·古尔德
编　著　刘　刚　夏　雪
审　　订　朱　磊
责任编辑　李凯丽
责任校对　李明辉
开　　本　787毫米×1092毫米　1/16
印　　张　29.5
字　　数　230千字
版　　次　2022年6月第1版
印　　次　2022年6月第1次印刷
印　　刷　北京尚唐印刷包装有限公司
书　　号　ISBN 978−7−5155−2292−0
定　　价　228.00元

出版发行　金城出版社有限公司　北京市朝阳区利泽东二路3号　邮编：100102
发 行 部　(010) 84254364
编 辑 部　(010) 84250838
总 编 室　(010) 64228516
网　　址　http://www.jccb.com.cn
电子邮箱　jinchengchuban@163.com
法律顾问　北京市安理律师事务所　（电话）18911105819